创新型环境艺术专业与室内设计专业精品教材

"互联网＋教育"新形态教材

中外室内设计史

主编　冯宪伟　李远林　蔡建华

江苏大学出版社

JIANGSU UNIVERSITY PRESS

镇　江

内 容 提 要

本书主要介绍了人类自原始社会时期至 21 世纪初室内环境设计的发展历史。全书共 14 章，分为中国部分和外国部分，中国部分包括中国原始社会时期的建筑及室内设计，先秦时期的室内设计，秦汉、魏晋南北朝时期的室内设计，隋唐、五代时期的室内设计，宋、辽、金时期的室内设计，元、明、清时期的室内设计，中国近现代室内设计；外国部分包括西方原始社会及早期文明时代的建筑及装饰，古希腊与古罗马时期的室内设计，中世纪建筑与室内设计，文艺复兴时期的室内设计，欧洲 17 世纪和 18 世纪的室内设计，19 世纪西方室内设计，以及 20 世纪与 21 世纪早期的室内设计。

本书采用上、下篇的结构形式，以清晰的逻辑、简洁的语言，图文并茂地讲述了从原始社会直到近现代以来的室内设计历史。本书可作为环境艺术专业与室内设计专业的基础教程使用，也可作为各类设计从业人员及艺术爱好者的参考用书。

图书在版编目（ＣＩＰ）数据

中外室内设计史 / 冯宪伟，李远林，蔡建华主编
. -- 镇江 ： 江苏大学出版社，2018.3（2021.5重印）
ISBN 978-7-5684-0749-6

Ⅰ．①中… Ⅱ．①冯… ②李… ③蔡… Ⅲ．①室内装饰设计－建筑史－世界 Ⅳ．①TU238-091

中国版本图书馆CIP数据核字(2018)第050759号

中外室内设计史
Zhongwai Shinei Sheji shi

主　　编 / 冯宪伟　李远林　蔡建华
责任编辑 / 仲　蕙
出版发行 / 江苏大学出版社
地　　址 / 江苏省镇江市梦溪园巷 30 号（邮编：212003）
电　　话 / 0511-84446464（传真）
网　　址 / http://press.ujs.edu.cn
排　　版 / 三河市祥达印刷包装有限公司
印　　刷 / 三河市祥达印刷包装有限公司
开　　本 / 880 mm×1 230 mm 1/16
印　　张 / 15.75
字　　数 / 392 千字
版　　次 / 2018 年 3 月第 1 版
印　　次 / 2021 年 5 月第 3 次印刷
书　　号 / ISBN 978-7-5684-0749-6
定　　价 / 68.00 元

如有印装质量问题请与本社营销部联系（电话：0511-84440882）

前　言

　　现代社会中，人们大部分的生活都是在室内度过的，无论是居住、学习还是工作、旅行，无非从一个室内空间过渡到另一个室内空间，所以，人们对于生活的体验也多在室内。大部分情况下，室内空间是建筑物的一个组成部分，这就意味着室内设计与建筑艺术有着千丝万缕的联系。与此同时，室内设计也是一种没有明确范围的领域，在这个领域内，构造、工艺美术、技术和产品设计都是交叉重叠的。所以，室内设计的历史包含着建筑、设计、艺术、装饰，以及社会和经济发展的历史。室内设计涉及建筑内部空间的所有元素。

　　基于上述原因，在讲述中外室内设计史时，不得不将其置于一个更大的范围中、更加广阔的历史背景下。全书分为上、下两篇，即中国部分和外国部分，共14章。中国部分包括：中国原始社会时期的建筑及室内设计，先秦时期的室内设计，秦汉、魏晋南北朝时期的室内设计，隋唐、五代时期的室内设计，宋、辽、金时期的室内设计，元、明、清时期的室内设计，中国近现代室内设计；外国部分包括西方原始社会及早期文明时代的建筑及装饰，古希腊与古罗马时期的室内设计，中世纪建筑与室内设计，文艺复兴时期的室内设计，欧洲17世纪和18世纪的室内设计，19世纪西方室内设计，以及20世纪与21世纪早期的室内设计。

　　由于人类的室内设计活动在地理位置上分布较广，历史时期久远，所以本书在有限的篇幅中，尽量择其重点讲述。例如，在阐述西方室内设计史时，主要选取欧美地区的室内设计实践及其历史渊源；在案例的选择上，我们更加注重其在美学领域的突出表现，以及在某一历史时期或地域的典型性。

　　本教材具有以下特色。

🏛 **内容丰富，结构完整。** 教材介绍了人类自原始社会起至21世纪初的室内环境设计的发展历史。其内容涵盖古今中外各个历史时期，内容广泛，历史时期久远，地理区域广阔，有助于学生全面了解室内设计的发展历史。全书分为上、下两篇，立足中国，展望世界，脉络清晰，结构完整。

🏛 **体例新颖，形式丰富。** 为了使学习有的放矢，每节以"知识目标""能力目标""素质目标"开始，明确学习目标，使学生快速抓住学习重点。正文中穿插了"课堂讨论""知识链接""拓展阅读""课后实践"等模块，其中"课堂讨论"能使师生及时互动，答疑解惑，启迪思考；"知识链接""拓展阅读"是正文内容的延伸与拓展，帮助学生在理解内容的同时开拓视野；"课后实践"旨在将理论与实践结合，使学生能真正做到学以致用。每章结束设有思考题，帮助学生巩固本章所学，及时消化、吸收。

前言

- 🏛 **图文并茂，版面精美。**作为艺术设计专业的基础课，本课程本身就肩负着培养审美、启迪智慧的责任，因此我们在内容讲解和版面设计上更注重美感的传达。书中穿插了大量的图片，精心推敲的版面使知识的阐述更为形象、有力，使版面效果更富美感，以飨读者。

- 🏛 **配套微课，资源丰富。**科技随时代发展，教材也应与时俱进。本书充分利用最新的技术，在书中设置了大量的二维码。读者只需用智能手机或其他移动设备扫码，就能即刻获取相关的教学资源，弥补了纸质书欠缺互动性和立体感的缺陷，使学习过程能真正做到寓教于乐、寓学于乐。同时为了更好地服务师生，本书配套有精美课件等教学资源。

本书由冯宪伟、李远林、蔡建华担任主编，由王琳琳、余剑峰、雷盼盼担任副主编。在本书编写过程中，尽管我们已尽心竭力，但由于学术水平和编写能力有限，书中难免有疏漏和不足之处，敬请读者给予指正。此外，在编写本书的过程中，我们借鉴了许多文献资料，在此向这些文献的作者致以最诚挚的谢意！

目录
CONTENTS

上篇　中国部分

目录
CONTENTS

目录
CONTENTS

下篇　外国部分

目录
CONTENTS

上篇

中国部分

第一章

原始社会时期的建筑及室内设计

原始社会时期极其漫长。起初，人们获取食物的方式主要为狩猎、捕鱼和采集果实等，所以，人们需要随着季节变换不断迁徙至食物更为丰富的地方。在这种不安定的迁徙生涯中，人们很难获得固定的居所，此时人们多寄居于天然洞穴内（见图1-1）或栖身于树枝之上，这一漫长的时期被称为"旧石器时代"。从距今大约1万年前，人们开始掌握了农耕技术，受到种植和收获周期的限制，定居的生活方式逐渐形成。人们发明了种类繁多的磨制石器及精美的陶器，社会生产力得到极大的提高，这一时期被称为"新石器时代"。

图1-1　原始社会的生活

第一节　原始社会时期的居住形式

知识目标

熟悉原始社会时期的各种居住形式。

能力目标

能够对原始社会时期各种居住形式的遗迹进行大致的分析。

素质目标

提高对原始社会时期居住形式的认知与审美能力。

在旧石器时代，人类为了抵抗恶劣的生存环境，多群居在一起，选择靠近水源区域的天然洞穴居住。在生产力水平低下的状况下，天然洞穴显然首先成为最宜居住的"家"。在洞穴的选择上，原始先人逐步掌握了某些规律。例如，为了防止夏季水淹，所选洞穴的洞口一般会高出水平面一定的高度；为便于冬季保暖，洞口往往背向寒风等；为了避免潮湿，多选择钟乳石较少的喀斯特岩洞等。

随着生产力水平的提高，房屋建筑也开始出现。但是在环境适宜的地区，穴居依然是当地

上篇　中国部分

氏族部落主要的居住方式，只不过人工洞穴取代了天然洞穴，且形式日渐多样，更加适合人类的活动。

在原始人类的营建经验和技术得到积累和提高后，穴居从竖穴逐步发展到半穴居，最后又被地面建筑所代替。由于自然条件的不同，在黄河中下游、辽河和海河流域的旱地农业经济文化区流行穴居、半穴居及地面建筑；在长江中下游的水田农业经济文化区流行地面建筑及干栏式建筑。

一、穴居

穴居有横穴和竖穴两种形式，掏挖横穴的做法出现得较早，但这种方法必须依靠适合的黄土断崖，受地理位置的限制较大。为了便于生产，人们在近水的黄土高地上垂直下挖形成一定的空间，便产生了竖穴，穴口上再使用树枝、茅草等搭建顶棚构成实用的空间，用于居住和储藏。例如，从图1-2所示河南偃师县汤泉沟遗址H6复原图中可以看出，穴内用柱子支撑着上部顶棚，柱子同时兼可用作简易木梯供人们出入，屋顶面则用植物茎叶铺装。

图1-2　河南偃师县汤泉沟遗址H6复原图

知识链接

源于穴居的建筑的发展

源于穴居的建筑发展大致经过了以下几个阶段（见图1-3）：

① 横穴：黄土阶地断崖地段；

② 半横穴：麓坡地段；

③ 袋形竖穴：平地横挖，口部以枝干茎叶做临时性遮蔽，进而发展为编织的活动顶盖；

④ 袋形半穴居：浅竖穴，口部架设固定顶盖；

⑤ 直壁半穴居：直壁竖穴，浅至80 cm左右，顶盖加大；

⑥ 原始地面建筑：全部维护结构均为构筑而成，可分为浑然一体的穹庐式，以及半穴居矮墙体加屋盖，门开在墙体上两种形式；

⑦ 地面建筑：高墙体，门开在墙上；

⑧ 地面分室建筑：建筑空间的组织化。

断崖上的横穴　　坡地上的横穴　　袋形竖穴　　有活动顶盖的袋形竖穴

袋形半穴居　　直壁半穴居　　原始地面建筑　　地面建筑

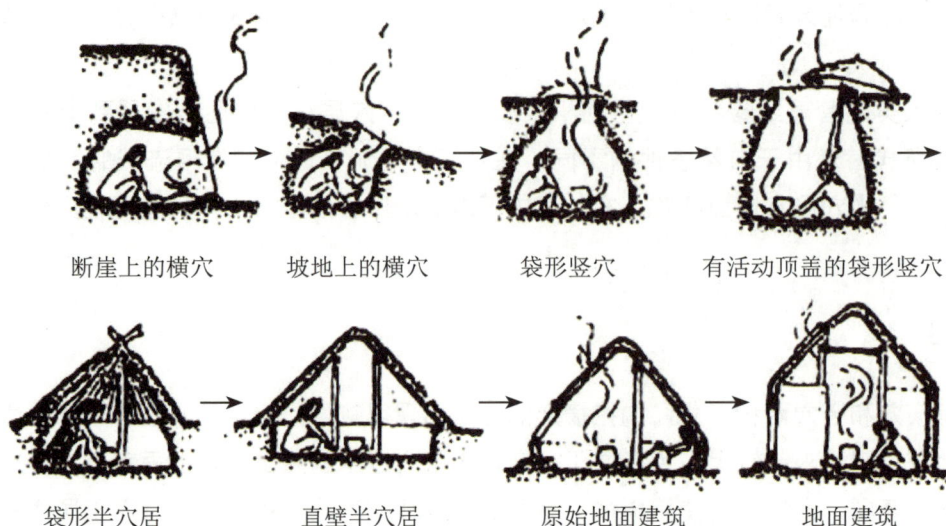

图1-3　源于穴居的建筑的发展

二、半穴居建筑及地面建筑

为了更好地解决穴内的通风、采光及潮湿等问题，竖穴逐渐变浅成为半穴居。半穴居分为上、下两部分，下部空间为挖掘的地坑，上部用一定的材料围合四壁及顶棚形成封闭的空间。最早的半穴居建筑出现在半坡遗址（见图1-4和图1-5）。北方地区寒冷干燥，这种建筑有利于防寒保暖，与现在的窑洞有着异曲同工之妙。

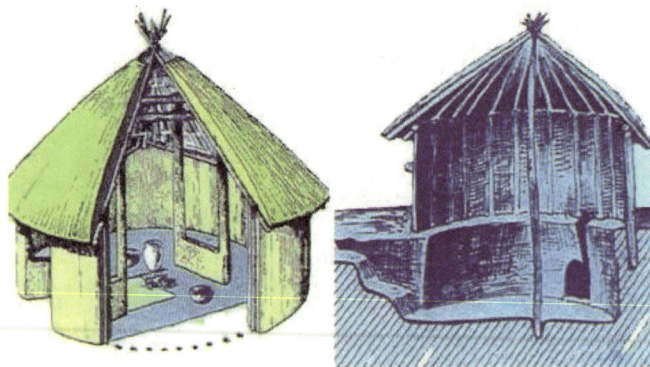

图1-4　半坡人居住的半穴居圆形房屋

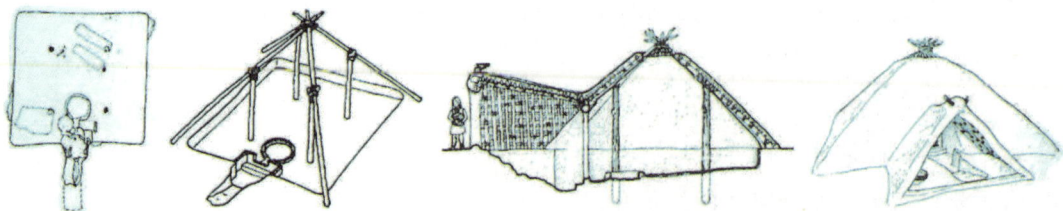

（a）陕西半坡遗址F21复原图

（b）陕西半坡遗址F41复原图

图1-5 半穴居方形房屋——陕西半坡遗址复原图

随着技术的进步和经验的不断积累，开挖的地坑越来越浅，人们在房屋四周直立密排小柱围合成屋身，其上再建锥形屋顶，最终脱离地穴的使用而直接在地面上建造房屋。就具体的室内平面形式而言，早期主要有圆形（见图1-6）和方形（见图1-7）两种，又以圆形空间的使用较多。到仰韶时代晚期，地面房屋逐渐变为主体建筑形式，半地穴式房屋逐渐退出历史舞台。

用于一般居住的半地穴房屋，面积多在10～40 m²之间，无论是圆形还是方形，其内部均形成一个单独的、较为狭窄的空间，中部设火塘。方形房屋在进入主空间前均设有门道雨篷，既可用于抵挡雨雪天气对室内的侵袭，也能缓冲进入居寝空间的过程，使内部空间更加隐蔽和安全。为了缩小室内入口，方形房屋多在门道处设有隔墙，在居寝空间前形成类似"门厅"的空间。

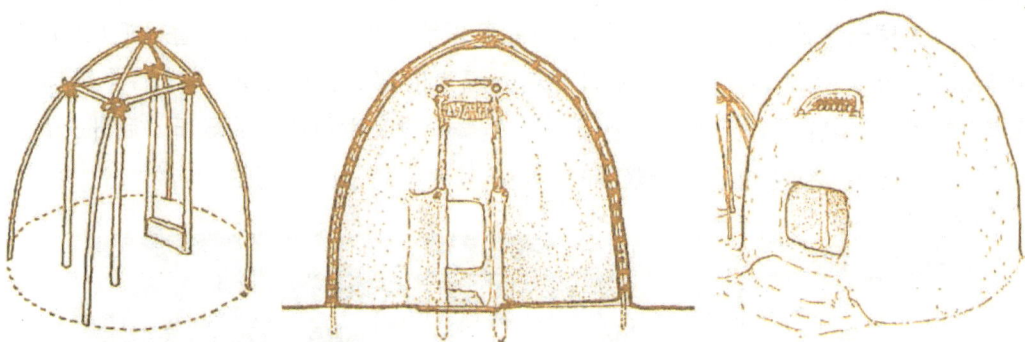

（a）陕西半坡遗址F6复原图

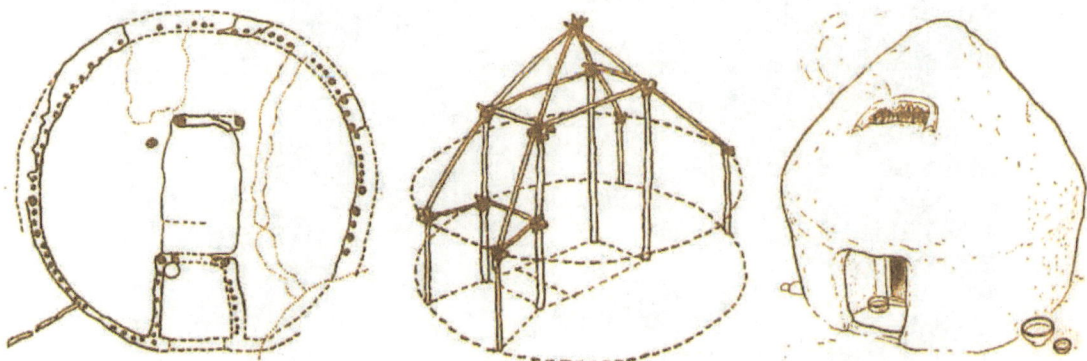

（b）陕西半坡遗址F22复原图

图1-6 圆形地面建筑——陕西半坡遗址复原图

（a）平面图　　　　（b）构架示意图　　　　（c）复原图

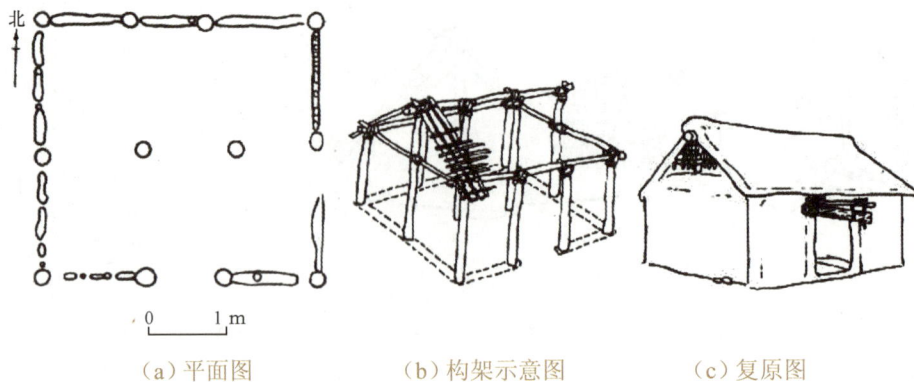

图1-7　仰韶文化的长方形地面建筑

而圆形房屋则在门内两侧设置隔墙，形成一个进入室内空间前的缓冲空间，其功能和作用类似于方形房屋的"门厅"。在"门厅"隔墙的背后，圆形房屋室内被分隔出了两个内室。为了使房屋的内室空间更加宽裕，门内两侧的隔墙往往呈不平行状，形成一个梯形的"门厅"空间。在没有出现安装门扇以封闭卧室之前，隔墙背后由距门最近的地方变成了距门最远的地方，而且最为隐蔽，使其初步具备了卧室的功能。

除一般居住的房屋外，还有一种公共建筑，空间和体量都是整个聚落中最大的，被称为"大房子"。半坡"大房子"遗址（见图1-8）经复原的面积约160 m²，4个中柱直径近0.5 m，外围泥墙高约0.5 m，厚0.9～1.3 m，内部由木骨泥墙分隔为前部1个大房间与后部3个小房间，初具"一堂三室"的雏形。其前部大空间可作为氏族人员聚会或者举行仪式的场所，后部3个小空间用于生活起居。"大房子"往往位于整个聚落的中心，其余小房子围绕周围。

图1-8　西安半坡遗址

拓 展 阅 读

黄土高原的窑洞

我国西北黄土高原上的居民至今仍保留着窑洞这一古老的居住形式。窑洞广泛分布于黄土高原的山西、陕西、河南、河北、内蒙古、甘肃及宁夏等地。过去,一位农民辛勤劳作一生,最基本的愿望就是修建几孔窑洞。有了窑、娶了妻才算成了家、立了业。窑洞是黄土高原的产物、陕北人民的象征,它沉积了古老的黄土地文化。

窑洞一般有靠崖式窑洞、下沉式窑洞、独立式窑洞等形式。靠崖式窑洞常在天然土壁内开凿横洞,常数洞相连成上下数层。有的在洞内加砌砖券或石券,防止泥土崩塌,或在洞外砌砖墙保护崖面(见图1-9)。

图1-9 靠崖式窑洞

下沉式窑洞是在没有山坡、沟壁可利用的自然条件下,先在地上挖一个方形的地坑,形成四壁闭合的底下院落,然后再从这个院落向四壁横向挖进去,形成窑洞,并将其中一孔窑洞挖成坡道形的隧道,作为院落的联络通道(见图1-10)。

图1-10 下沉式窑洞

上篇 中国部分

独立式窑洞是在地上用砖或石料砌成拱券（跨空砌体）的房间，将拱券后面用墙封上。拱券的前面装上木质的门窗，拱券的上面覆土，形成窑洞形式的房子（见图1-11）。独立式窑洞是窑洞中最高级的一种。

图1-11　独立式窑洞

课堂讨论

认真观察图1-12中展示的半穴居办公室建筑，说说其空间构造和室内装饰有何特点？日常生活中，你还见过哪些半穴居建筑，其空间构造和室内装饰有何特点？

图1-12　半穴居办公室

三、干栏式建筑

干栏式建筑多指栽立柱桩、架空居住面的房屋，是由早期的巢居发展而来的。这种架空居住面的木结构建筑通风和防潮都比较好，适于气候炎热和地势低下的潮湿地带居住，在中国长江流域及其以南地区长期存在。

目前发现的最早的干栏式建筑是河姆渡遗址第4文化屋遗留的大批公元前5000年左右的干栏长屋遗物（见图1-13）。其建筑主要使用木材，包括桩、柱、大梁、地板、席箔（或席壁）及树皮屋面等。从桩木布置来看，一座干栏建筑的残长就有25 m，进深约7 m，前檐有1.3 m宽的走廊。出土的木构件上带有榫卯，而且梁头榫上还有销钉孔，同时发现了企口板，如图1-14所示。榫卯结构等多种木构件的出现，表明当时建筑技术已有很大的进步。

提示

榫卯是在两个建筑构件上采用凹凸部位相结合的一种连接部件。凸出的部分称为榫头，凹进的部分称为卯。

图1-13　河姆渡遗址的干栏式建筑

图1-14　河姆渡遗址出土的木构件

上篇　中国部分

知识链接

我国现代流行的干栏式建筑

干栏式建筑自新石器时代至现代均有流行。其主要分布于中国的长江流域以南及东南亚，中国内蒙古自治区、黑龙江省北部，俄罗斯西伯利亚地区和日本等地都有类似的建筑。

傣族竹楼是一种典型的干栏式建筑，是中国各民族干栏式住宅形式中占地面积最大的一种。其分为上、下两层，以木、竹做桩、楼板、墙壁，房顶覆以茅草、瓦块，上层栖人，下养家畜、堆放农具什物，如图1-15所示。

西江千户苗寨的苗族建筑也源于原始社会时期的干栏式建筑。其以木质的吊脚楼为主，一般为三层的四榀三间或五榀四间结构（榀，量词，一个房架称为一榀）。底层用于存放生产工具、关养家禽与牲畜、储存肥料或用作厕所。第二层为客厅、堂屋、卧室和厨房，堂屋外侧建有独特的"美人靠"，苗语称"阶息"，主要用于乘凉、刺绣和休息，是苗族建筑的一大特色。第三层主要用于存放谷物、饲料等生产、生活物资，如图1-16所示。

图1-15 傣族竹楼

图1-16 苗寨吊脚楼

课堂讨论

现实生活中，你见过哪些干栏式建筑或类似干栏式建筑的建筑，其空间构造和室内装饰有何特点？

第二节 原始社会时期的聚落

知识目标

了解原始社会时期聚落的选址、构成及建造特点。

能力目标

能够以自己的视角解读原始社会时期的聚落。

素质目标

提高对博物馆中原始社会时期聚落沙盘图的认知能力。

　　原始社会时期，人们以群体形式进行农业、渔猎或者畜牧生产，采用聚居的生活方式，从而发展出由多座建筑组合起来的原始聚落。原始聚落一般都背坡面水，在河谷阶地和沼泽边缘选址。这主要是为了接近水源，以满足生活和生产用水的要求。这样，河谷就成了各聚落之间交往的通道，而更多的聚落则布置在交通便利的河流交汇处。已发现的大量新石器时代聚落遗址，多数为现代村镇甚至城市所叠压或在其附近，这说明当时的居民点选址是相当合理的，因此被沿用至今。

　　例如，仰韶文化的聚落一般分为居住区、陶窑生产区和墓葬区三部分（见图1-17）。东西最宽处近200 m，南北最长为300 m，总面积约50 000 m^2，其中居住区约占30 000 m^2。住房之间散置许多贮藏窖穴，另有两座牲畜栏圈。住房建筑群环绕广场。面向广场还有一座大房子，是氏族首领及氏族公社的老幼病残成员的住所，兼作氏族成员聚会的场所。住房围绕中心广场布置，大房子面朝广场或在成组小型住房的中央，这几乎成为当时原始公社居住区的一种典型布局。这一时期，在居住区的周围还有壕堑环绕，这种防御性的设施兼作雨水的排放沟。半坡的壕堑宽、深各5～6 m，壕底发现有残存的桩木，推测跨堑可能架有木桥，以便居住区内外的交通。

图1-17　仰韶文化的聚落沙盘

第三节　原始社会时期的室内空间和装饰陈设

一、装修与装饰

原始社会时期的房屋地面都是土的。在新石器时代的早期和中期，穴底大都经过夯实和用火烤过，有些地面还用火烧过的土块做垫层，从而达到防潮和防水的目的。在新石器时代后期，先民们已学会使用石灰。龙山时期的建筑地面和墙面都有一层白灰面，白灰面层可防潮，也使得室内清洁明亮。

早期的房屋墙壁大多是用树枝编成的，然后在内壁抹上泥土。与地面装修的演变相对应，火烤的土墙面和白灰墙面相继出现。

此外，原始社会时期的建筑已有了简单的装饰。半坡遗址中的房屋已出现锥刺纹样。姜寨和北首岭遗址的房屋墙壁上有二方连续的几何形泥塑，还有刻画的平行线和压印的圆点图案等。新石器晚期，室内装饰又有了新的发展，有的白灰墙面上有刻画的几何形图案；还有的白灰墙面上出现了用红颜料画的墙裙。

二、室内陈设

以陶器为代表的原始社会时期的工艺品，既具有实用性，又具有艺术性。因此，它们不但是各种生产、生活用具或器物，也可作为室内陈设用品。陶器在原始社会时期先民们的生活中，特别是在农业生产和定居生活中占有重要的位置。已发现的陶器中，最著名的是彩陶和黑陶。

彩陶最早发现于河南渑池县的仰韶村。彩陶造型有壶、罐、瓶、钵、盆等，多为细泥橙黄色陶，器表打磨光滑，多以黑彩描绘条带纹、圆点纹、波纹、漩涡纹、方格纹、人面纹、蛙纹、舞蹈纹等，构图严谨，笔法娴熟。图案设计采用以点定位的方法，使画面充分展开，尽情变化，具有强烈的韵律感。图1-18和图1-19所示分别为仰韶彩陶作品人面鱼纹盆和葫芦折线纹壶。

黑陶是陶胎较薄、胎骨紧密、漆黑光亮的黑色陶器。黑陶出现在新石器时代晚期的大汶口文化、龙山文化和良渚文化等遗址中。黑陶的出现，标志着中国的制陶工艺得到空前发展，也标志着制陶由实用性转向审美要求的历史发展。

上篇　中国部分

图1-18 仰韶彩陶——人面鱼纹盆

图1-19 仰韶彩陶——葫芦折线纹壶

黑陶有细泥、泥质和夹砂三种，其中以细泥薄壁黑陶制作水平最高，有"黑如漆、薄如纸"的美称。这种黑陶的陶土经过淘洗、轮制，胎壁厚仅0.5～1 mm，再经打磨，烧成后漆黑光亮，有"蛋壳陶"之称。这时期的黑陶以素面磨光的最多，带纹饰的较少，有弦纹、划纹、镂孔等几种，如图1-20所示。

（a）

（b）

（c）

图1-20 龙山黑陶

◥ 课后实践

参观国家博物馆，无法实地参观的同学可登录国家博物馆网站（http://www.chnmuseum.cn），单击页面顶端的"藏品欣赏"选项，再选择"古代藏品"选项，如图1-21所示，在页面下端显示的"分类欣赏"列表中选择所需的藏品类别，如"旧石器""新石器"等，如图1-22所示，在显示的页面中即可查看相关的内容，如图1-23所示，单击缩略图，可查看该藏品的具体介绍和放大图。

认真观察博物馆中的藏品，你知道这些室内陈设品的用途是什么吗？它们有哪些艺术特点？

图1-21　国家博物馆网站页面选项

图1-22　国家博物馆网站分类选项

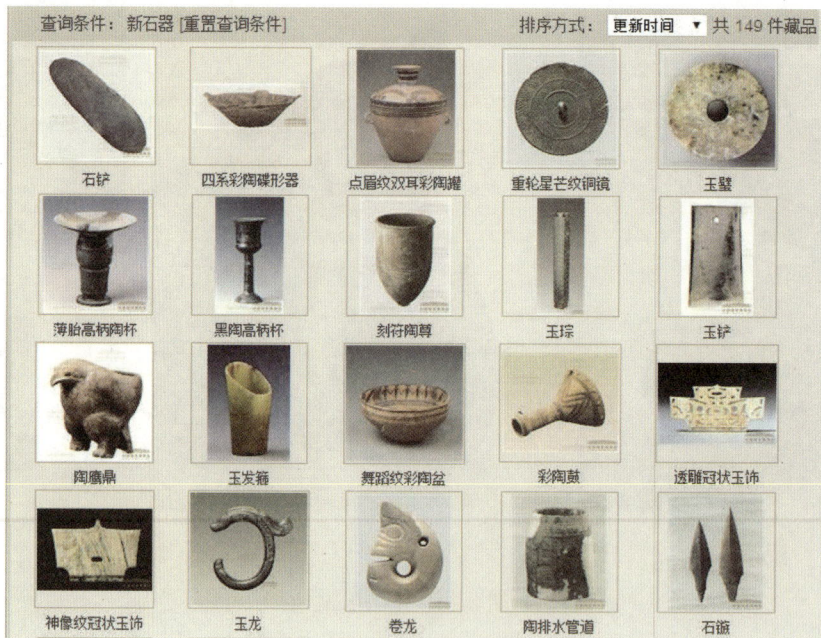

图1-23　藏品列表页面

思 考 题

1．原始社会时期的居住形式主要有哪些？其各自的特点是什么？现代的哪些建筑形式是从当时演变而来的？

2．原始社会时期主要的室内设计元素有哪些？

上篇　中国部分

第二章

先秦时期的室内设计

先秦主要是指夏、商、西周及春秋、战国时期。随着新石器晚期人口密集地区的政治、经济进一步发展，产生了凌驾于氏族公社之上的国家。商周时期，人们已能建造规模庞大的宫殿，室内装饰与陈设也达到了一定的水准。

春秋时期是我国建筑与装饰发展历程上的转折点，其建筑与装饰风格已逐渐从商周时期的祭祖、祭鬼神的领域转向实用，从抽象转为具象，更加直接地反映了人们的生活。

第一节　先秦时期的建筑空间发展状况

知识目标

了解先秦时期的宫室建筑的空间布局。

能力目标

能够对先秦时期宫室建筑的特点进行分析和总结。

素质目标

提升对先秦时期宫室建筑的认知与审美能力。

一、夏、商与西周时期

随着生产力的提高、社会分工的加快和社会财富的增加，夏、商和西周的建筑技术有了很大的发展。在大小诸国中，王权、君权拥有最高的统治地位，出现了真正意义上的都城与宫殿。夏、商朝已经出现了城、郭的明确区分，逐步形成了内、外两层城垣的构筑制度，为后世中国古代城市的建造提供了基本雏形。

（一）夏、商时期的宫殿

夏、商时期一般居民的居住条件十分简陋，基本沿袭了新石器晚期的各种建筑形式。而作为统治者的奴隶主阶级，已经开始营造相对高敞的宫室等建筑，通过规划布局和建筑设计，形成了与一般平民居住的建筑在规模及建筑精度上的巨大差异，旨在通过高大的宫室建筑形象，来表达王权的威势与至高无上。

1959年，河南偃师二里头发现了规模较大的宫殿遗址。二里头宫殿建筑遗址已发掘两座，一号宫殿庭院呈缺角横长方形，东西108 m、南北100 m，东北部折进一角。在整个庭院范围用夯土筑成高出于原地表0.4～0.8 m的平整台面，此时建筑上已大量应用夯土技术。庭院北部正中为一座略高起的长方形台基，东西长30.4 m，南北宽11.4 m，四周有檐柱洞，可复原为面阔8间、进深3间的大型殿堂建筑。殿顶应是最为尊贵的重檐庑殿顶。殿前是平坦的庭院，院南沿正中有面阔7间的大门一座，在东北部折进的东廊中间又有门址一处，围绕殿堂和庭院的四周是廊庑建筑。

知识链接

重檐庑殿顶

庑殿顶又称四阿顶，呈五脊四坡式，故又称五脊殿。这种殿顶构成的殿宇平面呈矩形，前后两坡相交处是正脊，左右两坡有四条垂脊，分别交于正脊的一端。重檐庑殿顶（见图2-1）是在庑殿顶之下又有短檐，四角各有一条短垂脊，共九脊。现存的汉族古建筑中，故宫太和殿、武当山金顶和明十三陵长陵祾恩殿均采用此种殿顶。

图2-1　重檐庑殿顶

提示

廊庑指"堂下周屋"，即堂下四周的廊屋。廊无壁，仅作通道；庑则有壁，可以住人。

结合《考工记·匠人营国》的记载，考古学家对该宫殿遗址进行了想象复原（见图2-2和图2-3），由图可知，其宫室内部空间已经形成了以"堂"为中心的"前堂后室"（前朝后寝）的格局，其内部很好地解决了在一栋单体建筑内处理国家事务、会见朝臣的公共活动空间设计，以及帝王生活起居私人空间两大需求。

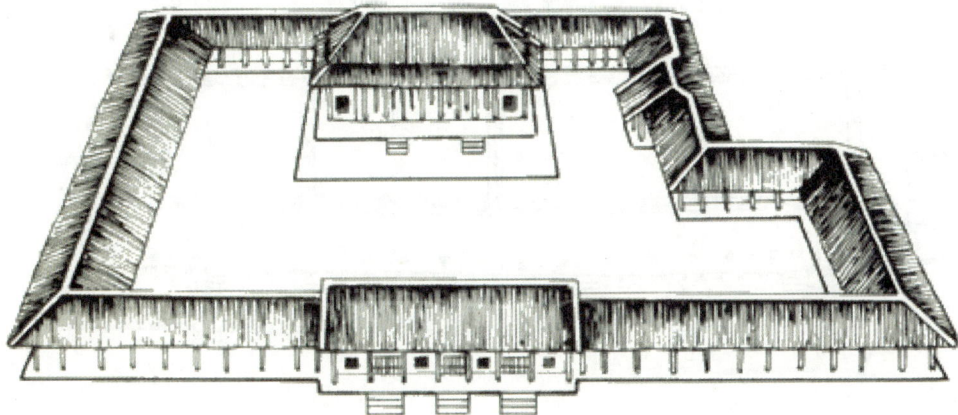

图2-2　二里头宫殿一号遗址复原图

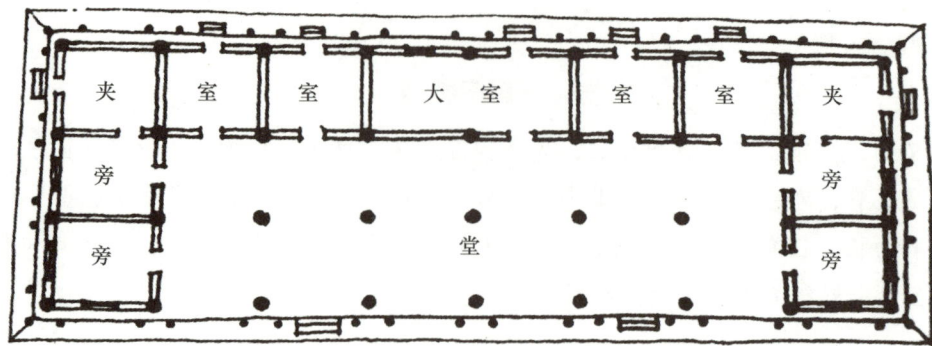

图2-3 二里头宫殿主体殿堂平面复原设想图

目前可见的商代宫室建筑整体格局在二里头的基础上有所发展，开始突破单栋建筑的限制，由一组建筑共同完成。利用建筑群组的形式来完成"前朝后寝"空间功能格局的实例在湖北黄陂盘龙湖畔的盘龙城遗址（见图2-4）中表现得更为明显。

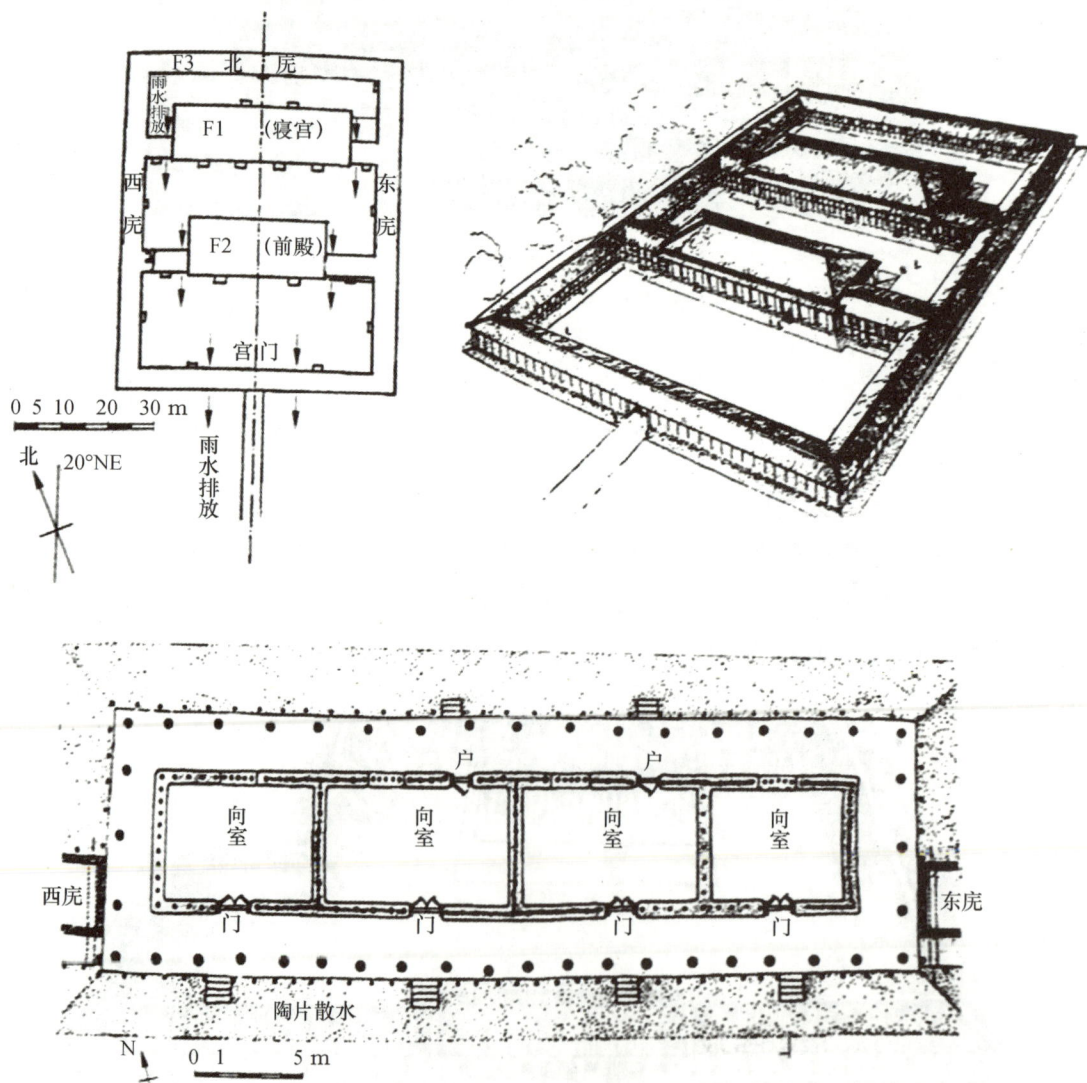

图2-4 盘龙城遗址

盘龙城遗址现已发掘3座（图2-4中F1，F2，F3）坐北朝南、前后平行排列的宫殿基址。F1号基址整个建筑面宽38.2 m，进深11 m。中心为四间横列的居室，四壁都是木骨泥墙。中间二室面宽略大，各室南面各有一正门，中间二室北壁又有后门。在四室与檐柱之间，形成一周宽敞的外廊，可复原为重檐庑殿顶建筑，屋顶覆以茅草。F2号基址南距F1号基址13 m，建筑面宽为27.25 m，进深10.8 m，建筑内部没有见到隔墙的痕迹，形成了一个偌大空间的厅堂，推测其应该是处理政务的地方——朝。F3号基址位于F1号基址北侧，推测为整组建筑的北廊庑。

盘龙城宫殿将朝堂和起居空间分置于两座不同的单体建筑中，周围再围以廊庑，形成了一个向内封闭的庭院式建筑组合。

（二）西周宫室建筑

周代的建筑活动十分活跃，包括了城邑、宫殿、庙坛、陵墓、园林、民居、水利设施等。周代的城市大都由"内城"和"外城"两大部分组成，内城为王者所居，外围设居民区。

西周宫室建筑遗址比较有代表性的是陕西扶风召陈村遗址和陕西岐山凤雏村宫殿遗址。召陈建筑基址（见图2-5）已发掘出15座，布局不按中轴对称，总体规划不甚严谨。该时期的宫室建筑仍然沿袭了夏、商传统，在厚夯土台基上建造单层建筑，属土木混合结构，但在规模及施工技术上有了较大进步。

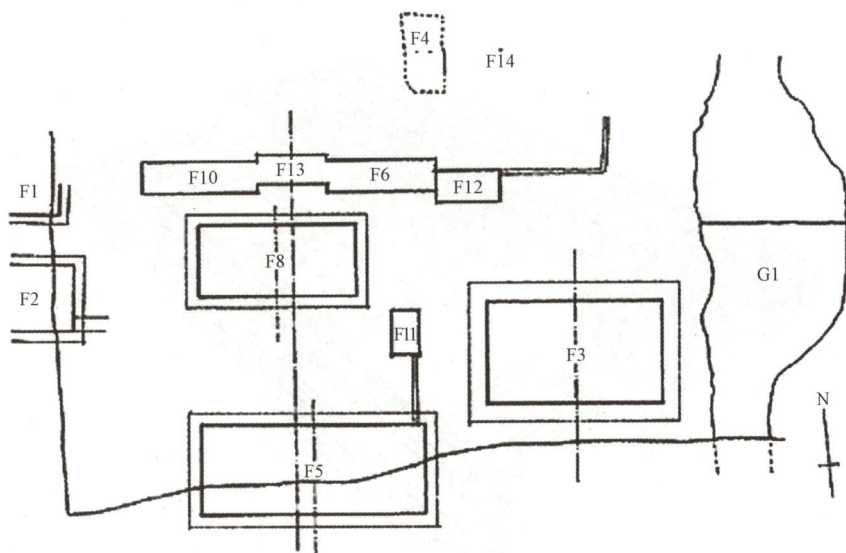

（a）召陈遗址平面图

（b）召陈遗址宫室复原图

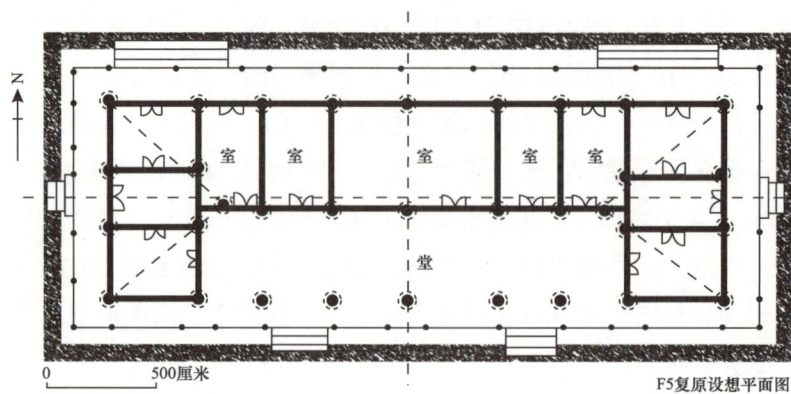

（c）召陈遗址宫室复原平面图

图2-5　陕西扶风召陈村遗址

岐山凤雏村建筑基址有2组，甲组建筑坐北朝南，面积1 469 m²，是一座高台建筑。建筑分前后两进院落，沿中轴线自南而北布置了广场、照壁、门道及其左右的塾、前院、向南敞开的堂、南北向的中廊和分为数间的室。中廊左、右各有一个小院，室的左、右各设后门。三列房屋的东、西各有南北的分间厢房，其南端突出塾外，在堂的前后，东西厢和室的向内一面有廊可以走通，整体平面呈日字形，如图2-6所示。

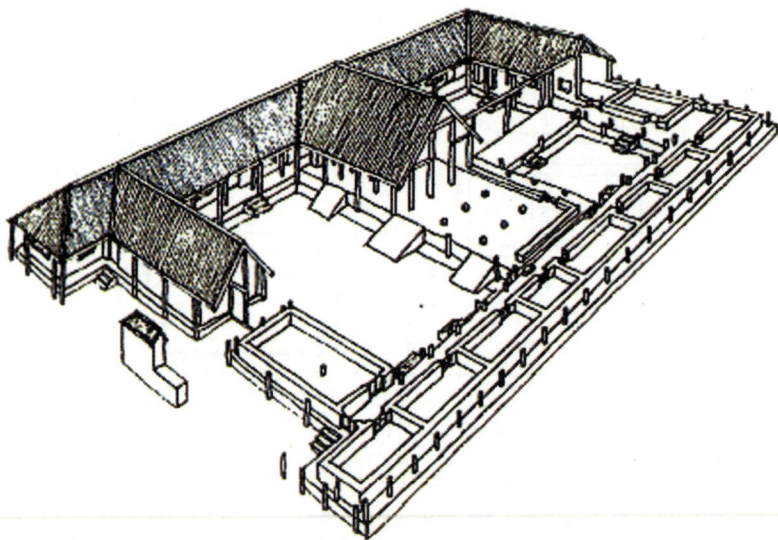

图2-6　陕西岐山凤雏村甲组宫殿遗址

此处建筑的墙用黄土夯筑而成，一般厚0.58～0.75 m。墙表与屋内地面均抹有以细砂、白灰、黄土混合而成的"三合土"。墙皮厚0.1 cm，表面坚硬，光滑平整。从基址上的堆积物推测，屋顶结构可能是采用立柱和横梁组成的框架，在横梁上承檩列椽，然后覆盖以芦苇把，再抹上几层草秸泥，形成屋面，屋脊及天沟用瓦覆盖。此外，这组建筑还附有排水设施。乙组基址位于甲组西侧，坐北朝南，墙内发现有柱础石，建造结构与甲组宫殿相同。

岐山宫殿是中国已知最早、最完整的四合院，已有相当成熟的布局水平。这种四合院式的建筑形式规整对称，中轴线上的主体建筑具有统率全局的作用，使全体具有明显的有机整体性。这种把不大的木结构建筑单体组合成大小不同的群体的布局，是中国古代建筑最重要的群体构图方式，得到了长久的继承。

二、春秋、战国时期

　　春秋时，各国兴建了大量的城市和宫室。宫室都属台榭式建筑，以阶梯形夯土台为核心，倚台逐层修建木构房屋，借助土台，聚合在一起的单层房屋形成类似多层大型建筑的外观，以满足统治者的侈欲和防卫要求。战国时出现了更多的城邑和宫室。战国都城一般都有大、小二城，大城又称郭，是居民区，其内为封闭的闾里和集中的市；小城是宫城，建有大量的台榭。此时屋面已大量使用青瓦覆盖，晚期开始出现陶制的栏杆和排水管（见图2-7）等。

图2-7　河北燕下都出土的陶排水管

提示

　　从春秋战国开始，中国就有了建筑环境整体经营的观念。《周礼》中关于野、都、鄙、乡、闾、里、邑、丘、甸等的规划制度，虽然未必全都成为事实，但至少说明当时已有系统规划的大区域规划构思。《管子·乘马》主张，"凡立国都，非于大山之下，必于广川之上"，说明城市选址必须考虑环境。

　　战国建筑以河北平山中山王陵为代表。它虽是一座未完成的陵墓，但通过从墓中出土的一方金银错《兆域图》铜版，即此陵的陵园规划图，可知它原来的规划意图。中山王陵有封土，同时在封土上又有享堂。根据《兆域图》和遗址，复原其当初形制是外绕两圈横长方形墙垣，内为横长方形封土台，台的南部中央稍有凸出，台东西长达310 m，高约5 m；台上并列五座方形享堂，分别祭祀王、二位王后和二位夫人，如图2-8所示。

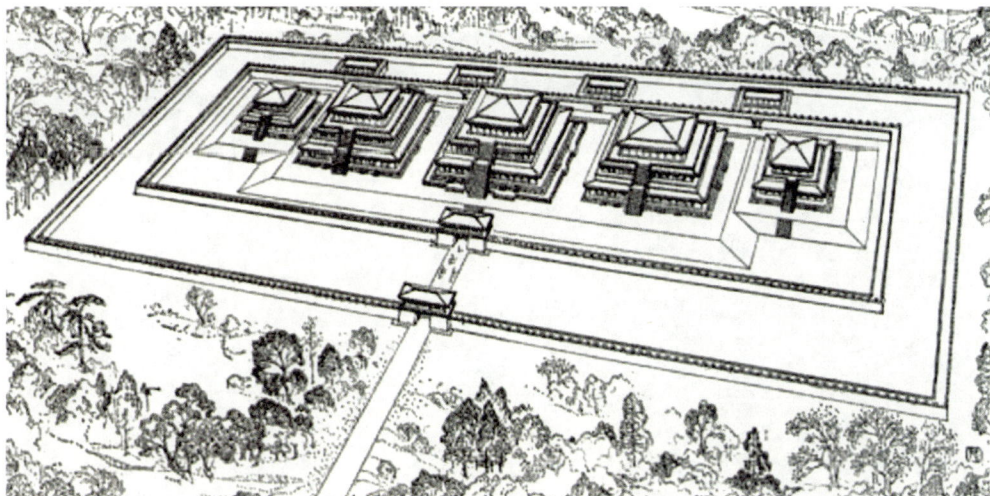

图2-8　中山王陵复原鸟瞰图

上篇　中国部分

　　中间三座即王和二位王后的享堂，其平面各为 52 m×52 m；左右两座夫人享堂稍小，为 41 m×41 m，位置也稍后退。五座享堂都是三层夯土台心的高台建筑，最中一座下面又多一层高 1 m 的台基，从地面算起，总高可有 20 m 以上，如图2-9所示。

　　封土后侧有四座小院。整组建筑规模宏伟，均齐对称，以中轴线上最高的王堂为构图中心，后堂及夫人堂依次降低，使得中心突出，主次更加分明。封土台提高了整群建筑的高度，从很远的地方就能看到，很适合旷野的环境。

图2-9　中山王陵享堂复原图

拓 展 阅 读

中山王陵墓中出土的《兆域图》

　　中山王陵墓中出土的《兆域图》是已知的我国最早的一幅用正投影法绘制的工程图（距今 2 300 年。世界上最早的正投影图是埃及金字塔的平面图，距今 5 000 年），如图2-10所示。图上所标方位与现代地图相反，为上南下北，图上文字均用战国时期的文字"金文"书写，图上所有线条符号及文字注记均按对称关系配置，布局严谨；图中的尺寸采用"尺"和"步"两种单位表示，比例尺约为 1∶500。此图不仅展示了当时的制图水平，还告诉人们当时的建筑是先绘制出平面才施工的。

图2-10　出土的金银错铜板《兆域图》

上篇　中国部分

第二节　先秦时期的建筑装饰和室内设计

夏、商时期的室内居住面仍然沿袭新石器时期的处理手法，在防潮保暖的同时，使得屋内墙面光洁美观。由于木构件遇潮易腐，古人就在木材表面髹漆以防止其朽坏，并通过色彩的搭配及精美的纹饰使木制构件更加美观。考古资料显示，当时红、黑两种颜色已普遍使用。商代时，除在建筑木构件上施彩外，其室内也开始使用彩绘的壁画，在河南安阳小屯北地的建筑遗址中，白灰墙皮上有红色纹样和黑色圆形斑点组合的图案。史料记载，商代已经开始采用以锦绣织物装饰壁面。

周代的建筑主要是土木混合结构形式，地面的处理方法沿袭商、周以来的做法，并随着陶制砖、瓦的出现而应用于建筑，开始出现了以花砖铺装室内地面的做法。陕西岐山凤雏村遗址中发现有若干砌叠于厅堂北面台基处的土坯砖。周代建筑遗址中又发现了模印花纹的陶砖，其花纹主要有斜方格、菱形、卷云、回纹等。将模印花纹陶砖用于室内地面铺装，一方面可以更好地改善地面潮湿程度，另一方面也起到了很好的装饰作用。

瓦的出现是中国古代建筑的一个重要进步，西周已出现板瓦和筒瓦，开始是屋顶局部用瓦，后来便全覆以瓦。陕西岐山凤雏村遗址出土大量的瓦，种类分为板瓦、筒瓦和瓦当3种。板瓦和筒瓦又分为大、中、小3种类型。板瓦的正面饰细绳纹，筒瓦的正面饰三角纹和回纹。有些板瓦和筒瓦正面和背面带有固定位置的瓦钉或瓦环1～2个，如图2-11所示。先秦的瓦当多呈半圆形，分素面和花纹两种，如图2-12所示。

图2-11　东周瓦钉及瓦钉的用法

（a）东周半圆瓦当　　　　　　　　　（b）战国半圆瓦当

图2-12　瓦当

西周青铜兽足方鬲（见图2-13）上表现出了当时建筑的局部形象，如栌头、门、勾阑；战国中山王墓中出土的一件铜案（见图2-14）四角铸出精确优美的斗拱形象。由此可知，当时建筑已使用斗和拱。

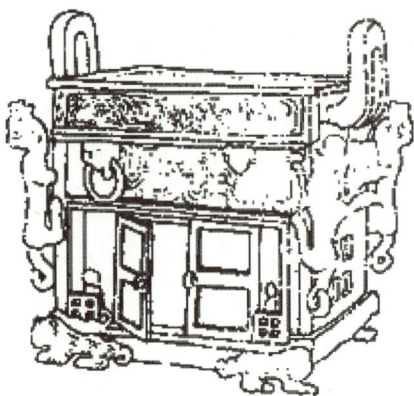

图2-13　青铜兽足方鬲

图2-14　中山王墓铜案

周代室内墙壁的装饰较为特殊的是金属构件的使用。由于建筑承重墙多为土墙，为了使墙体耐压，多在墙体内、外侧施木构件加固，其竖向杆件称为壁柱，水平杆件称为壁带，壁柱、壁带多显露于壁面。为了进一步加固这些杆件，西周时起在各杆件节点处使用了铜质连接件"金釭（音杠）"（见图2-15），后来也将其用于室内木梁、柱子、枋等节点处。除加固木构件的实用功能外，"金釭"还通过表面所铸饰的精美花纹为室内装饰带来新的形式。

（a）转角釭

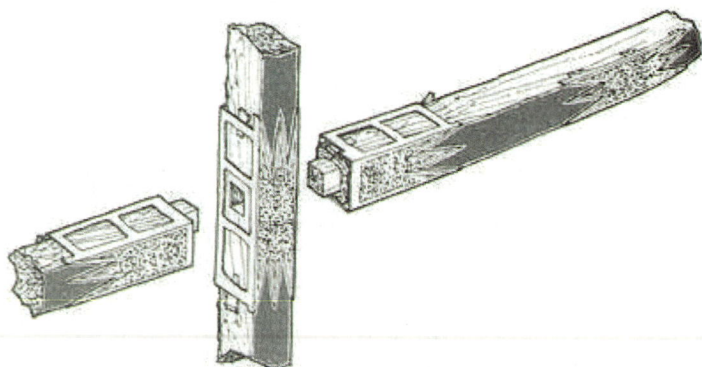

（b）釭的用法

图2-15　金釭

另外，该时期建筑"堂"前檐空敞无墙体，檐下多张挂大幕，但陕西岐山凤雏村遗址的"堂"前沿一带，则出土有不少小型石雕、蚌雕饰物，有些带有可穿插的小孔。据推测，这些小件饰物可能缀于堂前帷幕上作为装饰。

经夏、商至周，木结构技术获得了很大进步，尤其是春秋、战国以来，木构架结构构件逐步成为装饰的重点，并被列入礼乐制度的范畴。当时多对柱子进行涂饰，天子使用红色柱子，诸侯使用黑色，士大夫使用黄色，此外，当时对木构件进行雕饰也日益重要了起来。

　　通过日常阅读书籍和观看纪录片，你还知道哪些在先秦时期用于建筑装饰的物品？与同学们讨论。

第三节　先秦时期的家具与陈设设计

知识目标

熟悉先秦时期的家具及室内陈设物品。

能力目标

能够说出先秦时期家具及室内陈设物品的特点。

素质目标

提升对先秦时期家具及室内陈设的认知与审美能力。

一、家具

（一）席与床

　　先秦时期，人们在室内保持着"席地而坐"的起居方式，并由此衍生出一系列相适应的室内家具陈设。在夏代的宫殿中，人们已经开始使用带有装饰花纹的茵席，并配有相应的低矮型家具。周代，家具的陈设方式更是"以席为中心"，席的种类也丰富起来。在席的使用上，随着身份的尊卑贵贱，铺设的层数有所不同，以多层为贵。

　　1957年，河南信阳长台关楚墓出土彩绘大床，全长225 cm、宽139 cm、高19 cm（见图2-16），湖北荆门包山楚墓出土木质大床，美观大方，可拆卸与装配，它们都是符合"席地而坐"起居方式的典型家具。

图2-16　战国木质大床

知 识 链 接

先秦时期的家具制造与装饰技术

商代已出现了比较成熟的髹漆技术，并被运用到床、案类家具的装饰上。从出土的一些漆器残片上可以看到丰富的纹饰，在红底黑花之外，还镶嵌象牙、松石等，其技术达到了很高的水平。到战国时，家具的制造水平有了很大的提高，尤其在木材加工方面，出现了像鲁班这样的技术高超的工匠。由于冶金、炼铁技术的改进，木材加工发生了突飞猛进的变革，出现了丰富的加工器械和工具，如铁制的锯、斧、钻、凿、铲、刨等，为家具的制造带来了便利条件。木制品大部分都以漆髹饰，一则为了美观，显示家具主人的身份和地位；二则是对木材起保护作用。

（二）几、俎、案、屏

"几"是席坐时期非常重要的家具，可为人们跪坐时所凭倚，缓解跪坐带来的身体疲劳。湖南长沙楚墓出土有漆凭几，造型优美、别具一格，图2-17所示为江陵天星观1号墓出土的"H"形朱绘漆几。

"俎"是古代割肉用的砧板，图2-18所示为湖北枣阳市九连墩2号墓出土的彩绘带立板凹形板足漆俎。

"案"是指木制的盛食物的矮脚托盘，也指长形的桌子或架起来代替桌子用的长木板，如图2-19所示。"俎"出现得较早，周代后期才出现有"案"，一般情况下，"俎"多用于祭祀，"案"多用于日常生活。

"屏"最早用于室外，周代时出现在室内。"屏"多设置于王位之后，象征王权，其实用性不强。

图2-17　"H"形朱绘漆几——
江陵天星观1号墓出土

图2-18　彩绘带立板凹形板足漆俎——
九连墩2号墓出土

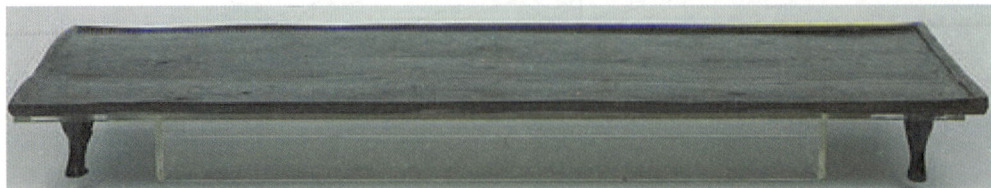

图2-19　彩绘圆涡纹漆案——湘乡牛形山1号墓出土

（三）架

"架"作为室内家具，较好地体现在了两种乐器上。湖北江陵天星观楚墓出土的虎座凤鸟架鼓，是一件东周时期的漆器，具有浓厚的楚文化特色。两只昂首卷尾、四肢屈伏、背向而踞的卧虎为底座，虎背上各立一只长腿昂首引吭高歌的鸣凤，背向而立的鸣凤中间，一面大鼓用红绳带悬于凤冠之上。其通体髹黑漆为底，以红、黄、金、蓝等色绘出虎斑纹和凤的羽毛。全器造型逼真，彩绘绚丽辉煌，既是鼓乐，也是艺术佳作，如图2-20所示。

图2-20　虎座凤鸟架鼓

曾侯乙墓出土的三层编钟（见图2-21），是战国早期的大型打击乐器。它用青铜铸成，由大小不同的扁圆钟按照音调高低的次序排列起来，悬挂在一个巨大的钟架上，用丁字形的木锤和长形的棒分别敲打铜钟，能发出不同的乐音，因为每个钟的音调不同，按照音谱敲打，可以演奏出美妙的乐曲。

图2-21　编钟

二、室内陈设

（一）陶器

商代以前，陶器是素烧无釉的。到了商代，则有了在陶坯上涂釉的釉陶器。它以高岭土为胎，经高温烧成，质土坚密、光泽晶亮、无吸水性，是我国最早的瓷器。这类陶器数量不多，但艺术性较高，是奴隶主们祭礼用的礼器，大都是模仿铜器制造的。

西周的原始瓷器很多，常见的有豆和罐。在洛阳还出土了簋、罍和瓮。西周瓷器表面釉为素色和黄绿色。

提示

豆在古代指盛肉或其他食品的器皿，形状像高脚盘。

（二）漆器

商代早期的漆器有河北藁城台西村出土的漆盘、漆盒的碎片。有的在木胎上雕以饕餮、夔龙、云雷纹，再髹以红底黑花；有的还在花纹处镶嵌方、圆或三角形的绿松石。西周时代的漆器有湖北圻春毛家咀周墓中出土的残漆杯，其花纹精美，色彩也非常艳丽。

战国时期漆器颇多。器身多是外黑内红，花纹的颜色则有白、黄、金、绿、黑、红等。在长沙出土的漆器中，有彩绘云龙、凤纹的漆盒与漆奁。在曾侯乙墓出土的漆器中，有箱、几、桶、盆、豆及瑟、笙、排箫、竹笛等乐器，图2-22所示为曾侯乙墓出土的彩绘龙凤纹木雕漆豆，此豆由盖和身两部分组成，盘、耳、柄、座均为一块整木雕刻而成，盖顶中心浮雕相互盘绕的龙纹装饰，两耳则浮雕成龙形兽面形象，纹饰刻画细致入微，满身鲜艳的彩绘。战国早期漆木器多以仿青铜礼器的风格出现，这件漆木豆即是如此。就其胎骨与造型的精美程度而言，堪称战国早期的漆工艺佳作。

图2-22 彩绘龙凤纹木雕漆豆——曾侯乙墓出土

提示

奁是古代汉族女子存放梳妆用品的镜箱。其为圆形，直壁，有盖，一般腹较深，下有三兽足，旁有兽御环耳。

（三）灯具

战国时期的灯具已经具有非常高的水平。在出土的墓葬中发现有若干造型精巧的灯具，其质地主要有陶、铜两种，除常见的豆形灯、簋形灯外，又有以人物、动物作为灯座或装饰的双座灯或多枝灯（见图2-23和图2-24），在实现实用功能的同时，也起到了较强的室内装饰效果。

图2-23 战国银首人形铜灯（双座灯）

图2-24 战国十五连盏灯（多枝灯）

提示

豆形灯是由陶器和青铜器中的豆演变而来的，由灯盘、灯柄和灯座组成。簋形灯由簋演变而来，簋是一种盛食用的青铜器，圆腹，侈口圈足。战国时期的簋多是带盖的。簋形灯好似带盖的簋，盖的一边以铰链与器口相连。

课堂讨论

图2-25所示为先秦时期的云纹铜禁。扫描二维码，观看影片，了解云纹铜禁产生的历史背景及相关的历史故事，谈谈它的用途及艺术特点。

图2-25　云纹铜禁

课后实践

参观国家博物馆，或登录国家博物馆网站（http://www.chnmuseum.cn），单击页面顶端的"藏品欣赏"选项，再选择"古代藏品"选项，如图2-26所示。在页面下端显示的"分类欣赏"列表中选择所需的藏品类别，如"夏""商""西周""春秋""夏至春秋""战国"等，如图2-27所示。在显示的页面中即可查看相关的内容，如图2-28所示，单击缩略图，可查看该藏品的具体介绍和放大图。

认真观察博物馆中的藏品，了解其产生的历史背景、功用及设计特色等，并对富有时代特色的设计元素进行提炼和绘制。

图2-26　国家博物馆网站页面选项

上篇　中国部分

31

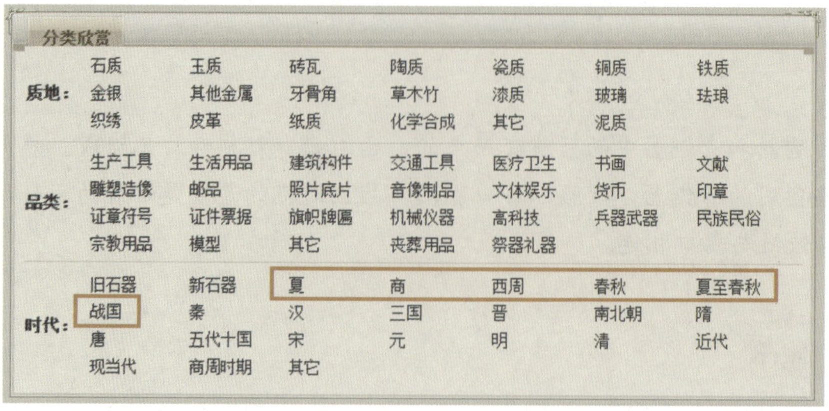

图2-27　国家博物馆网站分类选项

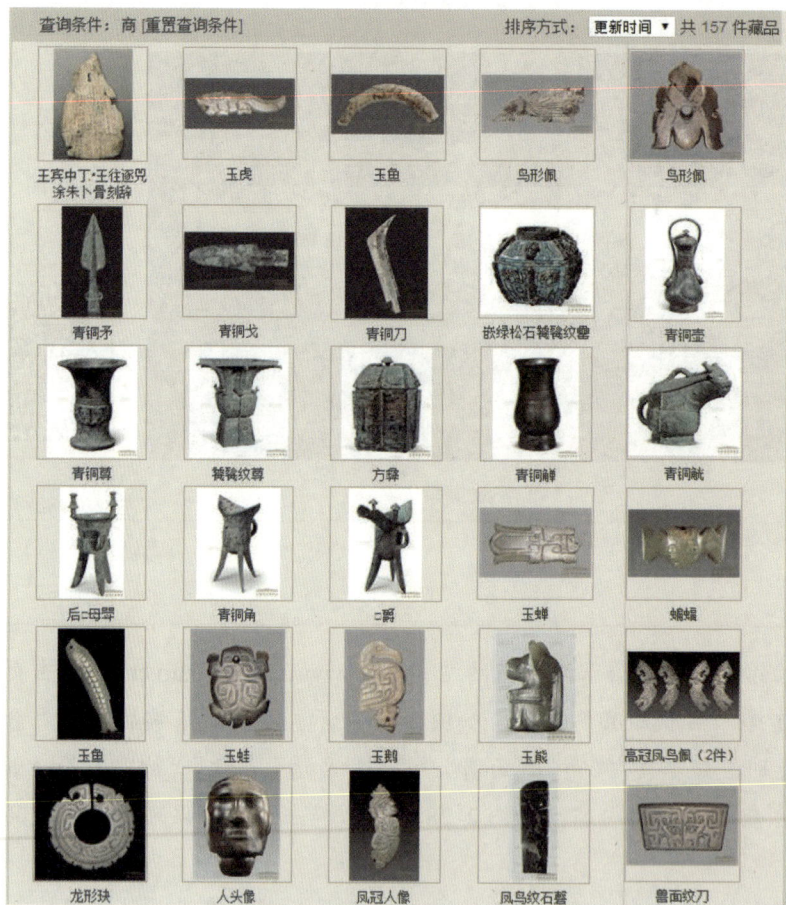

图2-28　商代藏品列表

思 考 题

1. 先秦时期的宫室建筑风格有哪些特点？其演变趋势是什么？

2. 先秦时期的室内设计特色有哪些？室内家具和室内陈设设计特色有哪些？

第三章

秦汉、魏晋南北朝时期的室内设计

秦汉时期，是中国统一的多民族封建国家建立与巩固时期，也是我国民族艺术风格形成与发展的重要时期。秦朝施行较为严苛的法治制度，并大肆营造宫室和陵墓，驱逐劳役进行修驰道、筑长城、开五岭等浩大的工程。

汉继秦而立，西汉末东汉初期，佛教及其艺术由印度传入中国，对中国文化具有较大的影响。此外，汉朝铁器工具得到普及，大大提高了社会生产力。

魏晋、南北朝时期，农业、手工业、文化艺术均有长足的发展，哲学与美学取得了突出成就，书法、绘画、雕塑得以独立发展。佛教的普及使得佛教艺术大为兴盛。

第一节 秦汉、魏晋南北朝时期的建筑空间发展状况

知识目标

熟悉秦汉、魏晋南北朝时期的建筑空间发展状况。

能力目标

能够说出秦汉、魏晋南北朝时期建筑空间的特点。

素质目标

提高对秦汉、魏晋南北朝时期建筑空间的认知与审美能力。

一、都城

秦汉时期的都城有秦咸阳、西汉长安、东汉洛阳三城。都城均只建有一城，城内建多宫，诸宫各为一小城，占据城内的大部分面积与重要地段。衙署和民居布置于诸宫之间的空当内。地方城市多在大城内建子城，大城内安置居民，子城中布置各类衙署。

秦始皇统一六国后，曾全力建设都城咸阳。秦末项羽破咸阳，放火焚毁宫殿，咸阳城化为焦土，秦朝灭亡，这座繁华的都市从此沉积于地下。

西汉都城长安的整体轮廓接近于方形，总面积约35.8 km²，城墙由夯土筑成。长安城每面开3个门，城内纵向8条街、横向9条街，以南北大道为城市中轴线。长安城中先后建有长乐宫、未央宫、北宫、飘桂宫、明光宫等宫殿，如图3-1所示。汉武帝时在城外建有建章宫，与未央宫隔西城墙相邻，以阁道相连。民居实行"里坊"制度，分布于各宫之间，"里"中建筑的檐脊整齐连贯，商肆横排布置，中间道路为"隧"。

提示

"里"的本意是里弄、街巷，含有区分界域的意思。"坊"是把一个城邑划分为若干区域。"里坊"制把全城分割为若干封闭的"里"作为居住区，商业与手工业则限制在一些定时开闭的

"市"中。统治者们的宫殿和衙署占有全城最有利的地位，并用城墙保护起来。"里"和"市"都环以高墙，设里门与市门，由吏卒和市令管理，全城实行宵禁。

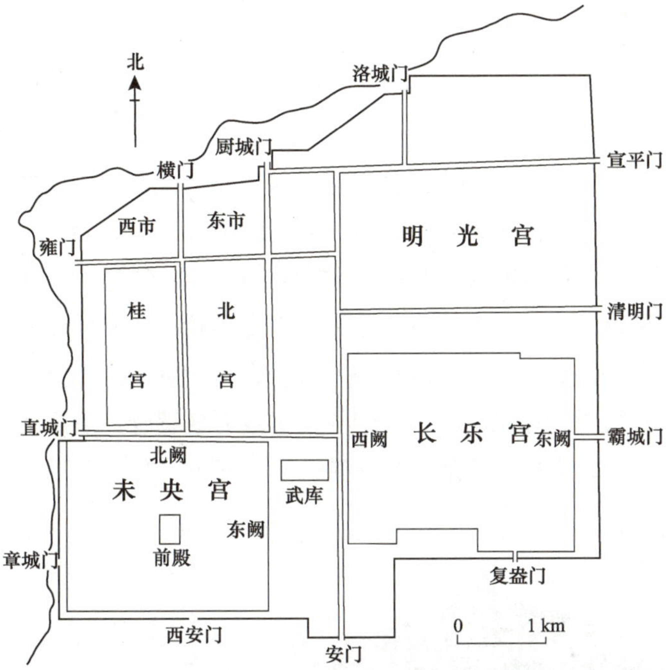

图3-1　西汉都城长安平面图

东汉都城洛阳略呈现南北长矩形，四面共设12个门，城内有主干道24条街。南北两宫占据全城中心，衙署、民居等环绕四周而设。

魏晋南北朝时期的营造活动虽因战乱受到一定的影响，但在城市规划、建筑形式和营造技术上也取得了一些重要成就。其中，魏都邺城对后世影响较大，邺城利用东西向穿城大道将全城分为南北两大区域，宫城、衙署位于城北，居宅商业位于城南，是中国古代第一座有明确中轴线的都城，如图3-2所示。

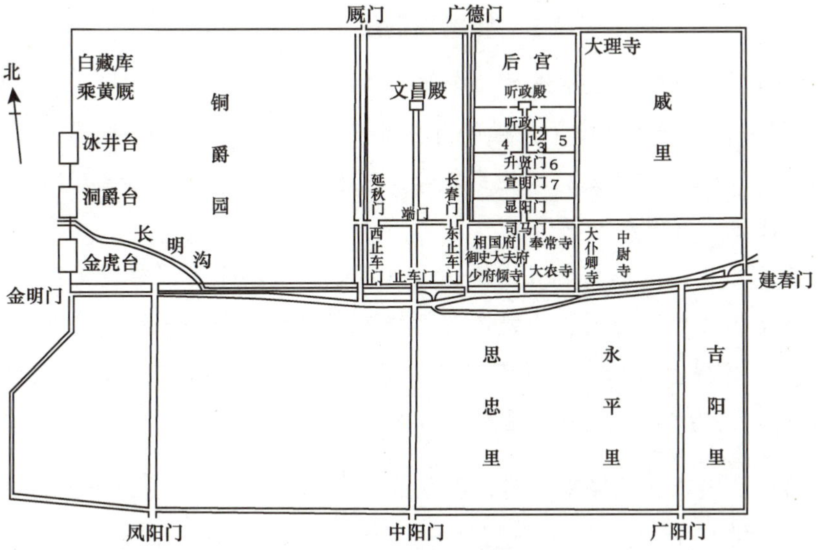

图3-2　曹魏都邺城平面图

北魏都定都洛阳，在汉魏故城基础上继续扩展外郭，形成东西长20里（10 000 m），南北长25里（12 500 m）的都城，内建320坊，辟方格网街道。城市的营造和发展在很大程度上促进了各类建筑的营造和发展。

二、宫殿、陵墓与佛教建筑

（一）宫殿

秦咸阳宫一号宫殿遗址位于今咸阳市渭城区窑店镇牛羊村北则，是由夯土筑起三层的平台重叠高起的楼阁建筑（见图3-3）。其西端长约130 m，南北纵深40 m，高约17 m，由于北部中心内收，在平面上形成"凹"字形。其台顶中部是两层楼堂构成的主体宫室，四周有上下不同层次的较小宫室，主体宫室东南面和西侧有卧室和浴室。室内设有冷藏食品的竖井和取暖的壁炉，还有一套由倾水池、引水陶管和渗井组成的供水、排水系统，很符合古代室内卫生要求。宫殿客室地面平整光滑、坚硬而且呈暗红色，墙壁上多绘有黑色几何纹图案或彩色壁画。底层建筑周围有回廊环绕，可相互通达。室、台、榭、廊、道排列灵活，整座建筑结构紧凑，布局高下错落，主次分明。

图3-3 咸阳宫一号宫殿复原图

拓展阅读

阿房宫的由来

秦始皇对咸阳宫的宫室规模还不满足。在他即位的第35年，某一日其"以为咸阳人多，先王之宫廷小"，于是就要再造一个宫殿。大臣问造在哪里，秦始皇说："阿房。""阿房"并非实际地名，意思是"近旁""旁边"。于是，大臣们就命工匠在咸阳宫旁边的上林苑建了一个"复压三百余里，隔离天日"的庞大宫殿——阿房宫。

阿房宫"前殿东西五百步，南北五十丈，上可以坐万人，下可以建五丈旗。周驰为阁道，自殿下直抵南山，表南山之巅以为阙。为复道自阿房渡渭属之咸阳……隐宫徒刑者七十余万人……咸阳之旁二百里内，宫观二百七十，复道甬道相连，帷帐钟鼓美人充之，各案署不移徙"。其建造时投入了极大的财力和物力，开启了皇家园林的先河。

阿房宫遗址位于西安市三桥镇南一带，面积约8 km²。遗址内已发现阿房宫前殿、"上天台"、北阙门等夯土台或基址19处。其中前殿遗址的夯土台东西长1 320 m，南北宽420 m，高7～9 m，台上发现石础、陶水管道，并散布大量板瓦、筒瓦、瓦当，可谓中国古代最大的夯土建筑台基。图3-4为阿房宫复原图。

图3-4 阿房宫复原图

汉武帝时国力强盛，在营造领域取得了巨大的成就，形成了中国古代建筑发展史上的第一个高峰。汉代在宫室、苑囿的营造中追求"崇大尚丽"的效果。秦汉都城中建有多处面积巨大的宫殿，采取平面展开式布局，周围以宫墙环绕，规模巨大的宫殿建筑由若干小"宫"组成，各成庭院，并依据"前堂后室"的格局进行空间布局。例如，始建自汉高祖的未央宫（见图3-5），是西汉政治统治的中心及帝王宫闱所在。其前殿为一组独立宫殿，以前朝后寝的格局布置，皇帝的寝殿设置于此。前殿之后的椒房殿为皇后的寝宫，也作前朝后寝的格局。

图3-5 汉未央宫复原图

自汉武帝开始，汉代统治者推崇儒术，大力提倡礼制建筑的兴建，辟雍即为其中一种。西汉长安南郊的辟雍，平面构成方正端严，如图3-6、图3-7所示，空间组织上遵行了"前堂后室"制。

提示

辟雍，亦作"璧雍"，本为周天子为教育贵族子弟设立的大学，圆形像辟（辟即璧，皇帝专用的玉制礼器）、取环水为雍（意为圆满无缺）之意。西汉以后，历代皆有辟雍，除北宋末年作为太学之预备学校外，均作为尊儒学、行典礼的场所。

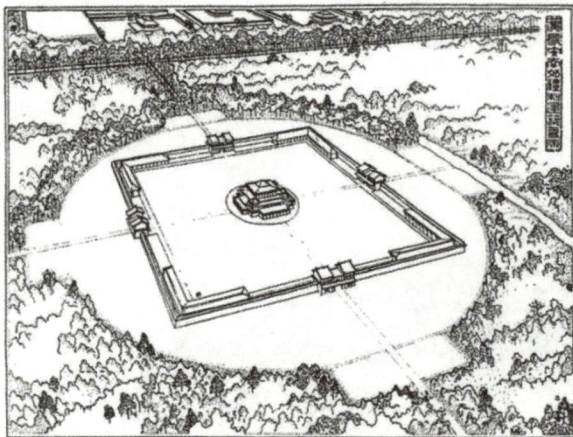

图3-6　西汉长安南郊辟雍遗址总体复原图

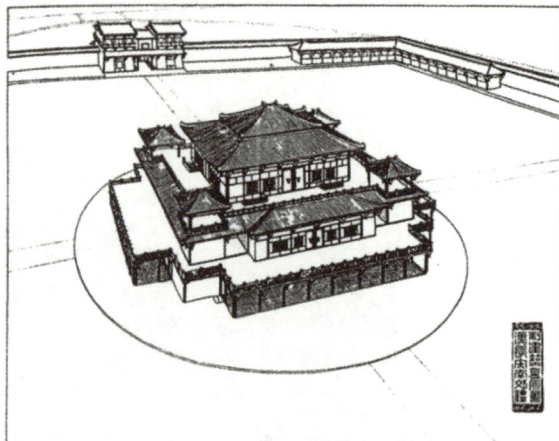

图3-7　西汉长安南郊辟雍遗址中心建筑复原图

课·堂·讨·论

相比于先秦时期的宫室建筑，秦汉时期的宫殿建筑在空间构造上有哪些特点？

（二）陵墓

秦始皇为了安排身后的归宿，还大肆修筑陵墓。他为自己精心策划的坟墓——骊山陵（见图3-8）在临潼县东5 km，陵园呈东西走向，面积近8 km²，有内城和外城两重，围墙大门朝东。墓冢位于内城南半部，呈覆斗形，现高76 m，底基为方形。据推测，秦始皇的"陵寝"应在陵墓的后面，即西侧。

图3-8　骊山皇陵九层之台的陵上享堂

拓·展·阅·读

骊山陵的室内设计

据《史记·秦始皇本纪》中记载：墓室一直挖到很深的地下泉水以后，然后用铜烧铸加固基座，放上棺椁。墓内修建有宫殿楼阁，里面放满了珍奇异宝。墓内还安装有带有弓矢的弩机，若有人开掘盗墓，触及机关，将会成为后来的殉葬者。墓顶有夜明珠镶成的天文星象，墓室有象征江河大海的水银湖，具有山水九州的地理形势。还有用人鱼膏做成的灯烛，欲求长久不息。

在骊山陵的东面还发现了举世闻名的大型兵马陶俑坑，内有武士俑约七千个、驷马战车一百多辆、战马一百余匹，以及数千件各式兵器，被誉为"世界第八大奇迹"。

（三）佛教建筑

随着佛教的兴盛，魏晋南北朝时代出现了砖砌佛塔。建于北魏的河南登封嵩岳寺砖塔，是中国现存年代最早的砖塔。除塔刹部分的石雕外，其通体由一种灰黄色的砖砌就，如图3-9所示。除此之外，石窟寺也开始大量出现，魏晋南北朝时期留存至今的主要有山西大同云冈石窟（见图3-10）、甘肃敦煌莫高窟、河南洛阳龙门石窟，以及甘肃天水麦积山石窟等。

图3-9　河南登封嵩岳寺砖塔　　　　　　　　　图3-10　山西大同云冈石窟

拓展阅读

麦积山石窟

麦积山位于甘肃省天水市麦积区，是小陇山中的一座孤峰，因山形酷似麦垛而得名。石窟始建于后秦，大兴于北魏明元帝、太武帝时期。

麦积山石窟开凿在悬崖峭壁之上，洞窟"密如蜂房"，栈道"凌空飞架"，层层相叠，其惊险陡峻为世所罕见，形成一个宏伟壮观的立体建筑群。其仿木殿堂式石雕崖阁独具特色，雄浑壮丽。洞窟多为佛殿式而无中心柱窟，明显带有地方特色，如图3-11所示。

图3-11　麦积山石窟群

　　南北朝时期的石窟空间形式主要有两类，第一类是中心塔柱式，其特点是平面大体呈正方形，中间偏后处竖立一个四方形中心塔柱，由地面直至窟顶。塔柱四周有佛龛，内塑佛像。塔柱前部的窟顶呈双坡屋顶，通常称为"人字坡"。人字坡上刻出或画出椽子，显示出木构屋顶的样子。塔柱的左右与后部是通道，如图3-12所示。

图3-12　中心塔柱式石窟

　　第二类是覆斗式石窟，这种石窟平面呈方形或长方形，中间没有中心塔柱，左、右、后三侧或后壁有壁龛，如图3-13所示。

图3-13　覆斗式石窟

三、民居与楼阁

　　汉代的民居千姿百态，并为后世所沿用。根据文学资料、明器、画像石、画像砖和墓室壁画中所提供的信息可知，当时的达官显贵、地主富户的住宅已经有了极大的进步。住宅一般可分为庭院式、楼阁式与干栏式三种形式，但这三种形式有时又有交叉现象。其中庭院式住宅最普遍，种类也最多，既有方形、长方形之分，也有一字形、曲尺形、三合式、四合式、日字形之分，但其基本结构大多是"一堂二内"，"堂"是指前部的半敞空间，应为住宅中的公共部分，相当于现在的厅；所谓"内"，是指其后的私用部分，相当于现在的卧室。"一堂二内"或"一堂"在前，"二内"在后，"堂"的面积为"二内"之和；或"堂"在中间，"内"在两侧。

提 示

明器，即冥器。活着的人相信死去的人灵魂不灭，将在另一个世界重生，因而把他生前用过或喜欢的东西仿制出来放在墓里陪葬。

木构楼阁的出现可谓中国木结构建筑体系成熟的标志之一。东汉中后期的墓中，炫耀地主庄园经济及依附农民、奴婢的成套模型和画像砖、陶制楼阁和城堡、车、船模型大量出土。明器中常有高达三四层的方形阁楼，每层用斗拱承托腰檐，其上置平坐，将楼划分为数层，此种在屋檐上加栏杆的方法，战国铜器中已见，汉代运用在木结构上，满足遮阳、避雨和凭栏眺望的要求。各层栏檐和平坐有节奏地挑出和收进，使外观稳定又有变化，并产生虚实明暗的对比，创造中国阁楼的特殊风格，如图3-14所示。

（a）绿釉陶望楼　　　　　（b）绿釉陶戏楼　　　　　（c）绿釉陶水榭

图3-14　方形阁楼

拓 展 阅 读

汉 阙

"阙"是我国古代在城门、宫殿、祠庙、陵墓前用以记官爵、功绩的建筑物，用木或石雕砌而成。一般是两旁各一，称"双阙"；也有在一大阙旁再建一小阙的，称"子母阙"。古时"缺"字和"阙"字通用，两阙之间空缺作为道路。"阙"的用途是表示大门，城阙还可以登临瞭望，因此也有把"阙"称为"观"的。

现存的汉阙都为墓阙。其中，高颐阙（见图3-15）是我国现存的30座汉代石阙中较为完整的一座。它建于东汉，是东汉益州太守高颐及其弟高实的双墓阙的一部分。高颐阙由红色硬质长石英砂岩石堆砌而成，为有子阙的重檐四阿顶式仿木结构建筑，其中上下檐之间相距十分紧密。阙顶部为瓦当状，脊正中雕刻一只展翅欲飞、口含组绶（古代玉佩上系玉用的丝带）的雄鹰；阙身置

上篇 中国部分

于石基之上，表面刻有柱子和额枋，柱上置有两层斗拱支撑着檐壁，檐壁上刻着人物车马、飞禽走兽。高颐阙造型雄伟，轮廓曲折变化，古朴浑厚，雕刻精湛，充分表现了汉代建筑的端庄秀美。

图3-15　高颐阙

第二节　秦汉、魏晋南北朝时期的建筑装饰和室内设计

知识目标

熟悉秦汉及魏晋南北朝时期建筑装饰和室内设计手法。

能力目标

能够说出秦汉及魏晋南北朝时期建筑装饰和室内设计的特点。

素质目标

提升对秦汉及魏晋南北朝时期建筑装饰和室内设计的认知与审美能力。

一、墙面、地面与顶棚

（一）墙面

秦汉宫殿的墙壁表面一般先用掺有禾茎的粗泥打底，再用掺有米糠的细泥抹面，最后以白灰涂刷。除一般做法外，还有一些特殊的做法，例如，将壁面涂成彩色，即在刷白后，又于东、西、南、北四个方向分别涂上青、白、红、黑4种颜色；或用椒涂壁，取椒"多子"之意，多用于后宫。

另外，壁画也是室内墙壁装饰的重要手法。绘画作为推行政教、享乐和宣威的利器，受到统治阶级极大的重视。秦汉时期自皇帝宫室、贵族邸第、官僚府舍到地主住宅，无不饰有壁画。秦咸阳宫殿3号遗址曾出一件残壁，是目前所发现的宫室壁画年代最早的实例。壁画内容有车马仪仗、房舍建筑等。其造型简单古朴，技法粗放，反映了早期壁画的稚拙特点，如图3-16所示。

西汉壁画的实例可以西汉晚期的洛阳卜千秋墓壁画为代表，如图3-17所示。全墓壁画以阴阳五行为架构，描绘了引魂升天、吉祥永生和镇墓辟邪3个内容。

图3-16　秦朝壁画车马图

图3-17　洛阳卜千秋墓壁画

东汉后期的壁画可以河北安平东汉墓室壁画为代表。其墓室壁画面积达100 m^2，内容十分丰富，主要以车马出行图的形式描绘了墓主生前的全部仕宦经历，如图3-18所示。其后室南壁绘庄园图，生动而形象地描绘了当时庄园的各种情形。

魏晋南北朝时，南、北方均有于室内墙壁图绘壁画的做法。绘画的题材除沿袭了汉代多用的神话故事、羽人和四神四兽外，注重写实的肖像画开始增多。随着各民族文化的交融和外国文化的传入，特别是佛教建筑的大量兴起，诸多佛经故事在壁画中出现，如图3-19所示。

图3-18　河北安平东汉墓室壁画

图3-19　莫高窟壁画

（二）地面

地面除传统做法外，多铺有地砖（见图3-20）。地砖以方形居多，边长的尺寸为30～50 cm，厚3～5 cm，砖的表面有模印纹饰，如方格纹、菱格纹、绳纹、环纹、卷云纹及三角纹等，少数砖面印有动物纹和吉祥文字。地面也有用黑、红两色漆底的做法。秦汉时期，宫廷内也有用地毯铺设地面的，这使得室内整体环境温暖而富丽。

魏晋南北朝时，南、北方的地面处理与装饰手法有所不同。北方宫廷、衙署等建筑中多用砖、石材铺装地面。由于北方人有进入室内不脱鞋的生活起居习惯，所以，北方的地砖多为素面，不饰纹饰，平整简洁。而一般民居室内地面则以粉刷为主，多为白色，这多是因为粉刷地面较为经济、易于施工。

图3-20 汉代地砖

此外，南、北方宫廷内均出现了极为奢华的地面铺装，北方宫廷内以色彩艳丽的席簟或锦褥作为地毯，使得室内整体环境温暖而富丽。南朝则出现了地面贴金的奢华做法。

（三）顶棚

顶棚是室内空间中非常重要的部分，屋顶本身的形式被作为区别建筑等级规格的重要依据。两汉、魏晋南北朝时期，顶棚的处理手法已经相当丰富，后世常见的彻上明造、藻井和平棊等均已出现。

为了避免屋顶木构架朽坏，中国传统建筑室内常常让屋顶的构造完全暴露出来，以保持干爽、通风，并在各个构件上做一定的装饰，在保护木质构造的同时，达到美观的效果，这种做法被称为"彻上明造"（见图3-21）。彻上明造容易积灰，难以清理，为了解决防尘、保暖及室内空间的控制和组织等问题，人们常常在室内施以藻井、平棊等"吊顶"手法。

图3-21 彻上明造

藻井是用于古代高等级建筑内天花中心处的一种较复杂的装修，其结构形式为上凹的圆形、四角形（斗四）、八角形（斗八）（见图3-22）、六角形、螺旋等，周围饰以各种花藻井纹、雕刻和彩绘。藻井的存在可以突出空间构图的中心，突显其整个笼罩空间的重要性。

平棊俗称天花板，是用于掩盖屋顶内空间的结构部分，可使室内各个界面（墙面、地面和顶面）整齐划一，整体感好。南北朝石窟顶面多刻作平棊，其形式以支条分格，有分成方格的，也有分成长方格的，形似棋盘，已成规范。南北朝后长方格的平棊已不见存在，至清代均为方格平棊。在木构架上，平棊做法为先由梁枋下加木条纵横组成井字形框架，再于每个框架内钉板，板

上篇 中国部分

上和框条上还要彩饰。平綦方格内的图案构成一般都为圆形，方与圆的对比作用给视觉以丰富感，如图3-23所示。

图3-22　八角形藻井

图3-23　莫高窟顶棚装饰

课堂讨论

秦汉及魏晋南北朝时期的空间构造和室内装饰有何特点？现实生活中，你见过哪些建筑的墙面、地面或顶棚设计与这一时期的装饰风格相似？

二、门、窗

中国传统建筑中的门、窗多使用木构件制成，人们对这些构件饰以彩绘、镂刻等，使其在满足实用功能的同时更加美观。汉代早期及以前建筑的墙壁上开有"牖"（即古建筑中室和堂之间的窗子），牖比门小很多，其主要作用是通风而非采光。汉朝的门以版门（用于城门或宫殿、衙、署的大门，一般为两扇）居多，上面以铺首作为装饰（见图3-24）。汉朝的窗棂常见的有直棂（窗格以竖向直棂为主）、卧棂、斜方格及琐纹等多种形式（见图3-25），其中，以琐纹窗棂再涂以青色规格最高，为天子所用。

图3-24　汉代门饰——铜铺首

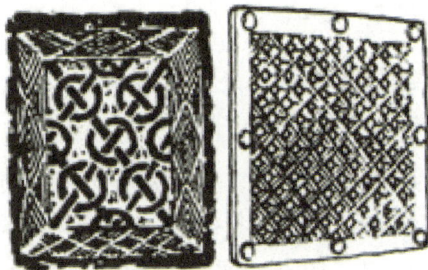

图3-25　锁纹、斜格纹窗户

上篇　中国部分

魏晋南北朝时期，北方建筑中的门仍以版门居多，双开，门扇涂色，并以铺首、金钉等装饰。门柱两侧、门楣等处多以雕刻、彩绘手法进行装饰。魏晋南北朝时期的窗以直棂为主，依然沿袭汉代流传下来的琐纹，并仍以青色为贵。

拓 展 阅 读

建筑构件装饰

自汉代起，随着建筑中木构架结构技术的不断发展，木结构构件的装饰备受重视。中国古代建筑装饰的主要手法有金饰、彩饰和雕饰。其中，金饰包括古代的玉饰等贵重材料装饰，彩饰包括刷饰、彩画及壁画，雕饰则指各种雕花、浮雕及独立的雕刻品。

魏晋南北朝，中国的绘画艺术取得了巨大的成就。在木构件上进行雕刻的手法有逐步让位于彩绘发展的趋势。图3-26所示为南北朝时期建筑装饰纹样。

图3-26　南北朝时期建筑装饰纹样

三、画像石与画像砖

（一）画像石

画像石是以刀代笔在石板上进行雕刻的做法，常用线刻，也有浮雕式，是一种半画半雕的装饰。汉画像石是为丧葬礼俗服务的一种功能艺术，主要用于装饰墓室、享祠和墓阙。

东汉中、晚期画像石艺术大为盛行，画面饱满充盈、铺天盖地而来，题材极为丰富，几乎将天地、古今、人世、鬼神等现实和幻想世界的事物都纳入其中。画像内容反映了汉人祈愿死后获得神灵保佑、登临仙境的向往，也反映了汉人依恋人生现实、祈愿人生能够永恒延续的观念，如图3-27所示。

（二）画像砖

画像砖的载体是砖，其上的纹样是模印或捺印出来的。东汉时期的画像砖模印题材更为多样，形成构思巧妙、情节完整的画面。

画像砖主要出土地域是中原地区和四川成都。中原地区画像内容多为神仙羽人、神兽异禽、宴饮乐舞，作风粗犷雄劲，与当地画像石艺术相近。成都地区则作风缜密细致，内容有宴乐、车骑、射猎、收获、采桑、酿酒、煮盐等各种社会生产活动的场景，具有浓厚的地方特色，如图3-28所示。

图3-27　汉代画像石

图3-28　汉代画像砖

课堂讨论

扫描二维码观看视频中的汉代画像石与画像砖藏品，你觉得它们最突出的艺术特点是什么？

四、斗拱

斗拱是中国古建筑特有的一种结构，是较大建筑物的柱与屋顶间之过渡部分。在立柱和横梁交接处，从柱顶上加的一层层探出成弓形的承重结构叫拱，拱与拱之间垫的方形木块叫斗，合称斗拱。斗拱向外出挑，可把最外层的屋檐挑出一定距离，出檐更加深远、壮观，并使柱子、门窗防雨防潮。此外，斗拱构造精巧，造型美观，又是很好的装饰性构件。

汉代是斗拱成型阶段的重要时期，此时斗拱的主要机能是承托与悬挑。为了体现承托功能，汉代已有"一斗二升"和"一斗三升"的斗拱，如图3-29所示。拱有直线的和曲线的，为了增加支撑宽度，有的还在两侧加有承托。

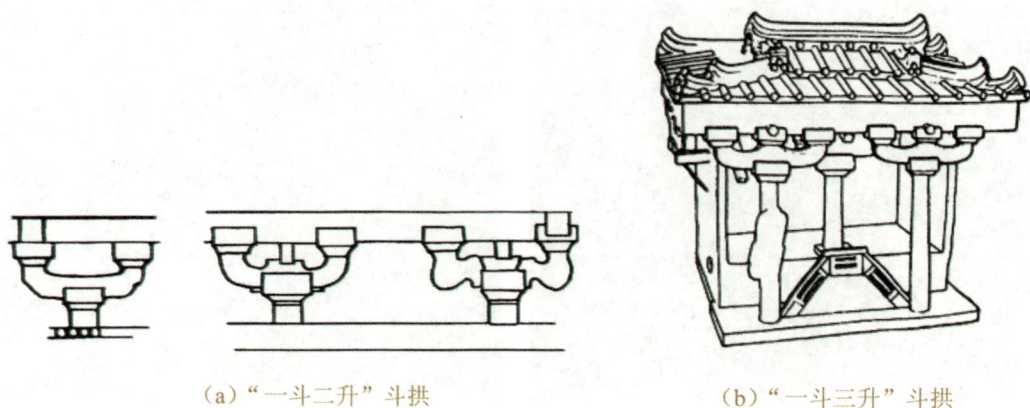

（a）"一斗二升"斗拱　　　　　　　　　（b）"一斗三升"斗拱

图3-29　汉代斗拱

第三节　秦汉、魏晋南北朝时期的家具与陈设设计

知识目标

熟悉秦汉及魏晋南北朝时期的家具及陈设设计。

能力目标

能够说出秦汉及魏晋南北朝时期的家具及陈设设计特色。

素质目标

提升对秦汉及魏晋南北朝时期的家具及陈设设计的认知与审美能力。

一、家具

（一）床、榻类

秦、汉沿袭先秦室内席地而坐的起居方式及相关的礼仪制度，室内家具仍以低矮型为主（见图3-30）。西汉时，床、榻在普通人家已经得到了普及。

床略高于榻，也略宽于榻，坐、卧兼用，木质居多。榻为坐具，形制上类似于床，但相对于床而言"狭而卑"，榻的出现使得坐、卧具开始分化，标志着独立的坐具开始出现。

魏晋南北朝时期，少数民族内迁及诸少数民族入主中原建立政权，将游牧民族的一系列社会习俗逐步传入中原地区。在生活起居方面，则表现为"席地而坐"方式的瓦解，高足而坐方式的逐步普及，促进了与之相适应的高型室内家具的出现。其中，"胡床"的使用即为非常典型的例子。"胡床"即"马扎"，以相交的两框为支架，可以折叠，以便搬运，打开后可供人垂足而坐，如图3-31所示。

图 3-30 重庆汉画像砖讲经图之坐席与榻   图 3-31 胡床

（二）几、案类

汉代的几用于放置文书、什物等，几面呈长方形，多为曲足。它出现于汉代后期，其特征是凭板为接近半圆形的曲木板，其下有三足。除木几外，汉代还有陶几。汉代另一种置于床前的长几，装有栅状曲足，上置酒食，如图 3-32 所示。

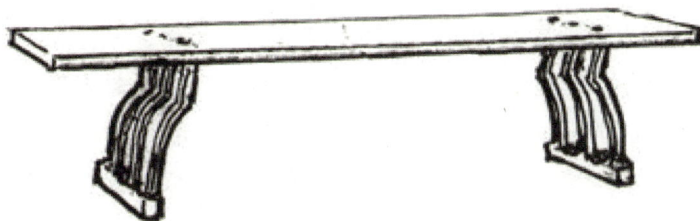

图 3-32 曲栅木凭几

案为席地而坐时期室内用于放置物品的重要家具之一，分为食案、奏案、书案、祭案等。其以长方形居多，也有圆形和方形的。案表面平整，有些以精美的图案作为装饰。食案最为多见，分为有足和无足两种，无足案类似托盘。长沙马王堆 1 号汉墓出土的漆案无足，上有杯、盘等物，纹饰十分精美，如图 3-33 所示。

图 3-33 西汉云纹漆案

（三）屏风类

汉代已普遍使用屏风。在一些重要建筑中几乎都有屏风，并使用多种材料装饰。汉代座屏实物以长沙马王堆西汉墓出土的最有代表性，如图3-34所示。此屏由屏板和足柎组成，通体彩绘，以菱形锦纹为主题。背面黑色漆底上用红、绿、灰三色绘云龙纹。

图3-34　长沙马王堆西汉墓彩绘座屏

知·识·链·接

帷幔与帐幄的应用

除屏风外，室内空间水平维度上的组织与调节还可通过帷幔、帐幄等完成。帷幔张挂于室内的梁、枋、桁等大木构件下。帷幔可舒可卷，与用作系挽的绶带一起使用时，可迅速地完成空间的截隔与统一，织物本身的色彩与图案可以起到很好的装饰作用。

帐幄在使用上和帷幔有着空间上的递进关系。帐幄张设于帷幔围合或者分隔的空间之内，是在宽敞空间中围合出来的更加封闭的小空间。

二、室内陈设

（一）铜器

秦汉时铜器已经进入了寻常百姓的生活。它们造型洗练、单纯精致、内涵丰富、便于使用。秦汉的铜器主要有镜、灯、炉、奁、壶等。

汉代的铜炉是一种特制的熏炉，其体型如豆，下有承盘，上有炉盖。熏炉的主要用途是在其内点燃香料，熏房和熏衣服。由于炉体似山，所以香料点燃后，有烟飘出，令人产生有关仙境的联想。河北满城西汉中山靖王刘胜墓出土的"错金博山炉"就是汉代铜炉中的典范。此炉座柄镂空，炉盖满布云气和飞禽走兽，是极为珍贵的艺术品，如图3-35所示。

图3-35　错金博山炉

（二）漆器

汉代的漆器与战国时期相比更为丰富，大件的有漆鼎、漆壶等；小件的有漆盘、漆盒、漆奁等。汉代漆器中的精品也不胜枚举，其中，长沙马王堆1号汉墓出土的奁盒称"双层九子奁"（见图3-36），它有上、下两层，下层底板凿有9个凹槽，每个凹槽内可放一个小奁，分别盛粉、油和胭脂，上层可放置铜镜。

图3-36　彩绘双层九子漆奁

（三）灯具

汉代灯具的形制、种类、质地、装饰手法均较前更趋丰富多彩，出现了如筒灯、行灯、吊灯、盘灯、枝形灯等，可以说灯具艺术进入了新的高度。汉代灯具所用材质主要有陶（包括釉陶）、石、铜、铁等。一般来说，铜灯装饰较为华美讲究，多用于宫廷和贵族，如图3-37所示；陶灯简朴无华，多用于民。

（a）长信宫鎏金铜灯　　　（b）错银牛形铜灯　　　（c）多枝灯

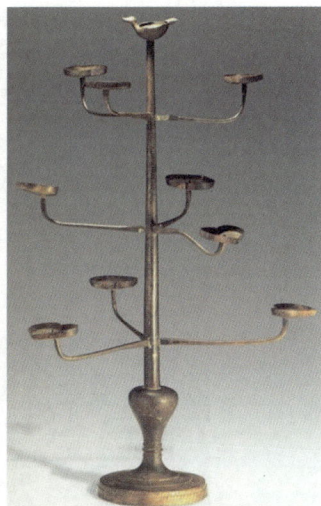

图3-37　汉代灯具

魏晋南北朝时期仍有铜灯和陶灯，但瓷灯已有取代铜灯的趋势。瓷灯不追求奇丽，而是更加适用、小巧、简易和质朴。西晋刘弘墓曾出土了一件青瓷龙柄灯，灯高23 cm，灯座似盘，灯柱上细下粗，柱中有一个夔龙的头和颈，柱顶上有一浅盘，上托一个碗形的灯盏，如图3-38所示。另外，山西太原北齐娄睿墓曾出土一件造型十分精美的瓷油灯，其高50.2 cm，顶部是一个花灯碗，中间是一个花灯柱，底部是一个喇叭形的底座。三部分均有贴花、刻花、浮雕花饰，纹样主要为忍冬和覆莲，如图3-39所示。

图3-38　青瓷龙柄灯

图3-39　北齐瓷油灯

🔻 课后实践

　　访问国家博物馆网站（http://www.chnmuseum.cn）或登录百度百科数字博物馆（http://baike.baidu.com/museum），在页面中查找到陕西历史博物馆，说说你从秦汉及魏晋南北朝的室内陈设中（见图3-40）获得了哪些设计灵感，并形成文字。

图3-40　百度百科数字博物馆中陕西历史博物馆藏品

思 考 题

　　1. 秦汉及魏晋南北朝时期的建筑装饰及室内设计包括哪些方面？各有何特点？

　　2. 秦汉及魏晋南北朝时期的家具及室内陈设表现在哪些方面？各有何特点？

上篇　中国部分

第四章

隋唐、五代时期的室内设计

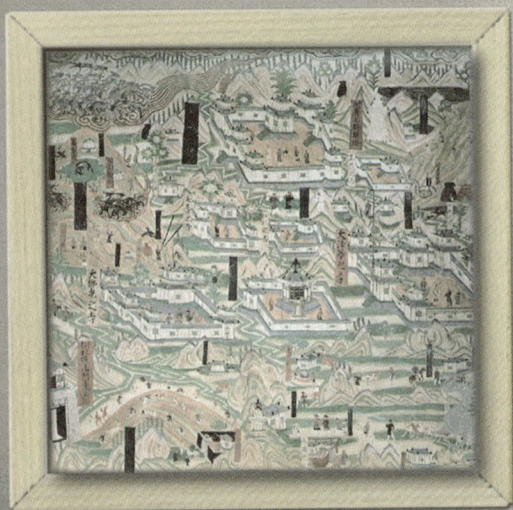

公元581年，杨坚代北周称帝，建立隋朝。隋文帝杨坚在位期间至隋炀帝杨广统治前期，社会经济文化获得了很大发展。唐代历经290余年，是我国古代极其强盛的帝国之一。高宗至玄宗期间，开始了大规模的营建活动。

唐亡后，中原地区先后经历了后梁、后唐、后晋、后汉、后周等朝代更迭，史称五代。同时在江南、华南、四川等地区，先后出现了吴、南唐、吴越、楚、闽、南汉、前蜀、后蜀、荆南9个地方政权，连同北方的北汉共称为"十国"。这一时期史称"五代十国"。由于连年征战与频繁的朝代更迭，北方社会经济遭到重创，南方相对安定，社会经济获得了一定程度的发展。

第一节　隋唐、五代时期的建筑空间发展状况

知识目标

熟悉隋唐、五代时期的建筑空间发展状况。

能力目标

能够总结与归纳出隋唐、五代时期建筑空间发展状况的特点。

素质目标

提高对隋唐、五代时期建筑空间的认知与审美能力。

一、都城

隋唐两代均在大力营建都城和地方城市。隋文帝在汉长安东南营建新都大兴——中国历史上最大的都城。隋炀帝即位后，又于汉魏洛阳城西营建东京。唐朝改大兴为长安，东京为洛阳，继续营建和完善，后世也常常将这两座始建于隋朝的城市称为唐长安城、唐洛阳城。

唐长安城（见图4-1）整体呈长方形，东西长9.7 km，南北宽8.7 km，周长36.7 km。城墙宽12 m左右，高5 m多，全部用夯土版筑，城门处的墙段还砌有砖壁。长安城分外城和内城两大部分，内城建于城内北部正中，由位于北部的宫城和内城南部的皇城组成。

宫城平面为长方形，东西长2.8 km，南北宽1.5 km，周长8.6 km。城四周有围墙，南面正中开承天门（隋称广阳门），东西分别是延喜门和安福门，北墙中部开玄武门。宫城分为三部分，正中为太极宫（隋称大兴宫），称作"大内"，东侧是东宫，为太子居所，西侧是掖庭宫，为后宫人员的住处。

皇城也为长方形，位于宫城以南，其东西与宫城等长，南北宽1.8 km，周长9.2 km。城北与宫城城墙之间有一条横街相隔，其余三面辟有五门：南面三门，中为朱雀门，两侧为安上门和含光门；东西面各一，分别为景风门和顺义门。南面正中的朱雀门是正门，向南经朱雀大街与外郭城的明德门相通，向北与宫城的承天门相对，构成了全城的南北中轴线。城内有东西向街道7条，南北向街道5条，道路之间分布着中央官署和太庙、社稷等祭祀建筑。

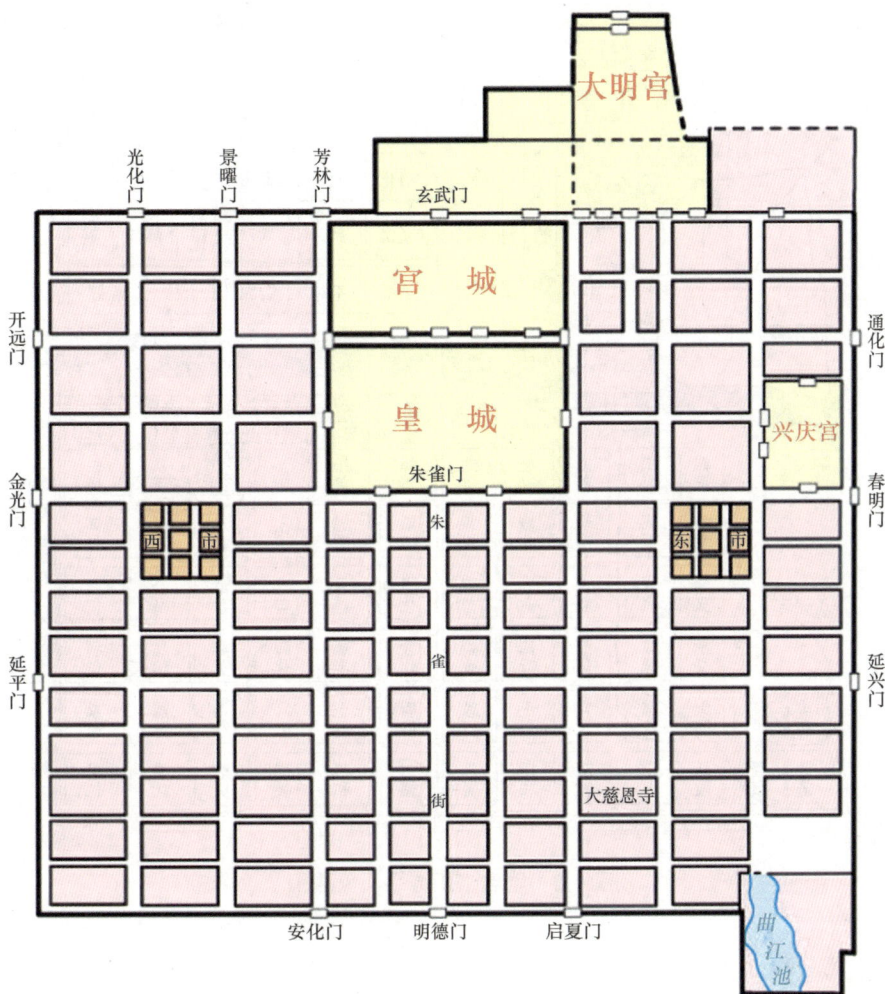

图4-1　唐长安城复原图

　　长安城（外城）开12座城门，南面正中为明德门，东西分别为启夏门和安化门；东面正中为春明门，南北分别为延兴门和通化门；西面正中为金光门，南北分别为延平和开远门；北面的中段和东段分别与宫城北墙和大明宫南墙重合，西段中为景耀门，东西分别为芳林门和光化门。除正门明德门有5个门道外，其余各门均为3个门道。

　　隋炀帝始建的洛阳城到唐代时陆续完善。洛阳城（见图4-2）整体平面南宽北窄，略近方形。城墙全部用夯土筑成，基址宽15～20 m。南墙和东墙均长约7.3 km，北墙长约6.1 km，西墙南端长约6.7 km，稍呈弧形。东西两墙下面发现有石板砌的下水道。

　　宫城位于外郭城的西北部，平面略呈长方形。其北墙长1.4 km，西墙长1.3 km，南墙长1.7 km，东墙长1.3 km。城墙宽15～20 m，中为夯筑，内外砌砖。皇城围绕在宫城的东、南、西三面，其东西两侧与宫城之间形成夹城。

　　外郭城有8个城门，西墙无门。南墙3门，自东向西为长夏门、定鼎门（隋名建国门）、厚载门（隋名白虎门）。东墙3门，自南向北为永通门、建春门（隋名建阳门）、上东门（隋名上春门）。北墙2门，东为安喜门（隋名喜宁门），西为徽安门。城内街道横竖相交，形成棋盘式的布局。城内街道组成里坊，据《唐六典》及《旧唐书》等文献记载并结合考古钻探的实际情况可知，总数为109坊3市，即洛河南为81坊2市（西市、南市），洛河北为28坊1市（北市）。

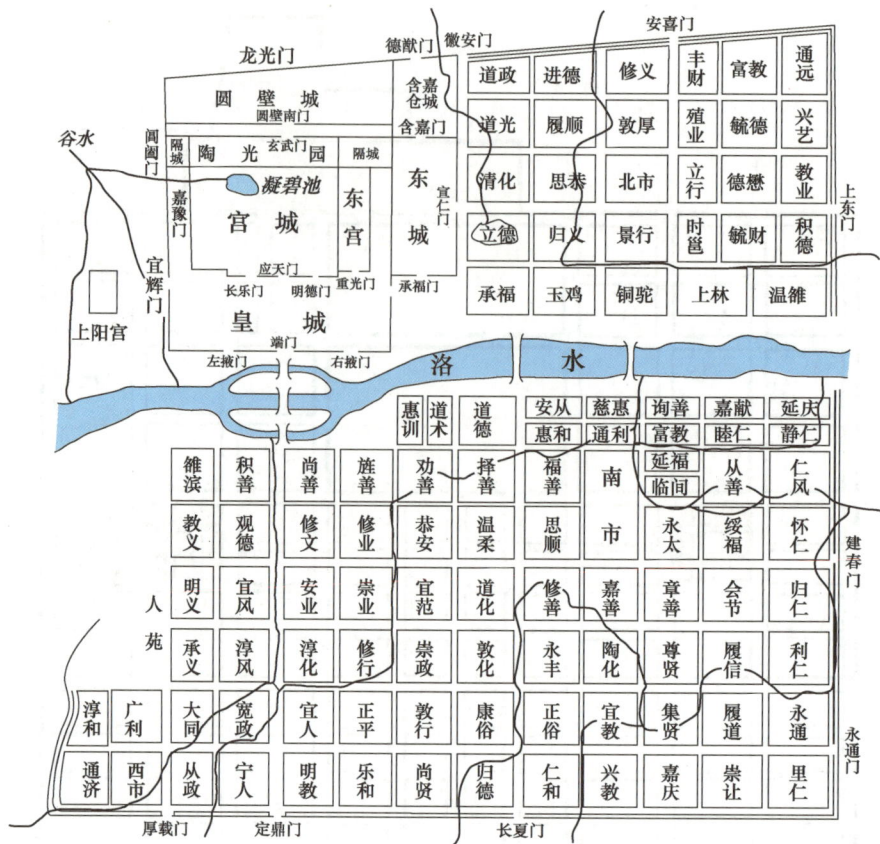

图4-2 隋唐洛阳城平面复原图

拓展阅读

赵州桥

赵州桥（见图4-3）建于隋朝年间，是一座空腹式的圆弧形石拱桥，也是当今世界上现存最早、保存最完整的古代敞肩石拱桥。全桥只有一个大拱，大拱的两肩上，各有两个小拱。这个创造性的设计，不但节约了石料、减轻了桥身的重量，而且在河水暴涨的时候，还可以增加桥洞的过水量，减轻洪水对桥身的冲击。同时，拱上加拱，桥身也更美观。大拱由28道拱圈拼成，每道拱圈都能独立支撑上面的重量。赵州桥的设计构思和工艺的精巧，不仅在我国古桥中是首屈一指的，而且据世界桥梁史的考证，像这样的敞肩拱桥，欧洲到19世纪中期才出现，比我国晚了一千二百多年。

图4-3 赵州桥及其雕工精美的石栏、石板

二、宫殿

　　唐代的建筑发展到了一个成熟的时期，形成了一个完整的建筑体系。它规模宏大，气势磅礴，形体俊美，庄重大方，整齐而不呆板，华美而不纤巧，舒展而不张扬，古朴却富有活力。

　　唐代的大明宫是唐长安城的三座主要宫殿（大明宫、太极宫、兴庆宫）中规模最大的，称为"东内"。大明宫也是当时全世界最辉煌壮丽的宫殿群，其建筑形制影响了当时东亚地区的多个国家宫殿的建设。

　　含元殿是大明宫的正殿，是举行重大庆典和朝会之所，俗称"外朝"。主殿面阔十一间，加上副阶为十三间，进深四间，加上副阶为六间，每间宽5.3 m。在主殿的东南和西南方向分别有翔鸾阁和栖凤阁，各以曲尺形廊庑与主殿相连，整组建筑呈"凹"字形。主殿前是一条长78 m、以阶梯和斜坡相间的龙尾道，分为中间的御道和两侧的边道，表面铺设花砖。在龙尾道的前方还有一座宫门，可能是牌坊式建筑，其左右各有横贯东西的隔墙，如图4-4所示。

图4-4　大明宫含元殿复原图

　　麟德殿（见图4-5）在大明宫太液池西的一座高地上，是皇帝宴饮群臣的地方，也是大明宫内另一组伟大的建筑。其底层面积合计约达5 000 m²，由四座殿堂（其中两座是楼）前后紧密串联而成，是中国最大的殿堂。在主体建筑左右各有一座方形和矩形高台，台上有体量较小的建筑，各以弧形飞桥与大殿上层相通。据推测，在全组建筑四周可能有廊庑围成庭院。麟德殿以数座殿堂高低错落地结合到一起，以东西的较小建筑衬托出主体建筑，使整体形象更为壮丽、丰富。

图4-5　麟德殿立面复原图

（一）佛寺

　　留存至今的唐代宗教建筑主要有山西五台山南禅寺大佛殿、山西五台山佛光寺大殿、山西芮城五龙庙及山西平顺天台庵大殿，均为中晚唐时期北方佛寺单体建筑。

五台山佛光寺大殿面阔七间，进深四间，单檐庑殿顶，总面积677 m²。正殿外表朴素，柱、斗拱、门窗、墙壁等全用土红涂刷，未施彩绘。佛殿正面中五间装版门，两尽间则装直棂窗。大殿出檐深远，殿顶用板瓦铺设，脊瓦条垒砌，正脊两端，饰以琉璃鸱吻。檐柱头微侧向内，角柱增高，因而侧脚和生起都很显著。殿的平面由檐柱一周及内柱一周合成，分为内外两槽。外槽檐柱与内柱当中，深一间，好像一圈回廊；内槽深两间、广五间的的范围内没有立柱，内槽大梁（即四椽栿）是前内柱间的连接材料，如图4-6和图4-7所示。

提示

建筑的外檐柱在前后檐方向上向内倾斜柱高的10‰，在两山方向上向内倾斜柱高的8‰，而角柱则同时向两个方向都倾斜，这种做法叫侧脚。

生起是指在建筑物立面上，檐柱自中央由当心间向两端依次升高，使檐口呈一缓和优美的曲线的做法。

图4-6 五台山佛光寺大殿模型

图4-7 五台山佛光寺大殿细部结构

课堂讨论

图4-8所示与图4-9所示分别为开元寺钟楼和五台山南禅寺大殿，它们都属于唐代佛教寺庙建筑。谈谈唐代寺庙建筑有哪些艺术特点？

图4-8 开元寺钟楼

图4-9 五台山南禅寺大殿

（二）佛塔

现存的唐代佛塔较多，其大部分为楼阁式，可登临，有的用砖依照木结构的形式在塔的外表做出每一层的出檐、梁、柱、墙体与门窗，也有的砖塔、塔内用木材做成各层的楼板，借木楼梯上下。楼阁式砖塔以西安兴教寺玄奘塔和慈恩寺塔（即大雁塔，见图4-10）为代表。后来，这种砖塔在外形上逐渐起了变化，即把楼阁的底层尺寸加大升高，而将以上各层的高度缩小，使各层屋檐呈密叠状，使全塔分为塔身、密檐与塔刹3个部分，形成了"密檐式"砖塔。密檐式塔以西安荐福寺塔（即小雁塔）、河南登封的王寺塔和云南大理崇圣寺千寻塔（见图4-11）最为著名。隋唐砖石塔风格单纯质朴，蕴藏着蓬勃的内在力量，到晚唐以后，其逐渐转向华丽。

图4-10　大雁塔

图4-11　云南大理崇圣寺千寻塔

（三）莫高窟

隋唐也是石窟艺术发展的高峰，敦煌莫高窟现存的492窟中，隋唐开凿的占70%以上。莫高窟开凿于敦煌城东南25 km的鸣沙山东麓的崖壁上，前临宕泉，东向祁连山支脉三危山。南北全长1 680 m，现存历代营建的洞窟共735个，分为南、北两区。其中，南区是礼佛活动的场所，各个朝代壁画和彩塑的洞窟有492个，彩塑2 400多身，壁画45 000 m²，唐宋时代木构窟檐五座，还有民国初重修的作为莫高窟标志的九层楼（见图4-12）。莫高窟各窟均是洞窟建筑、彩塑、绘画三位一体的综合性艺术，如图4-13所示。

图4-12　莫高窟

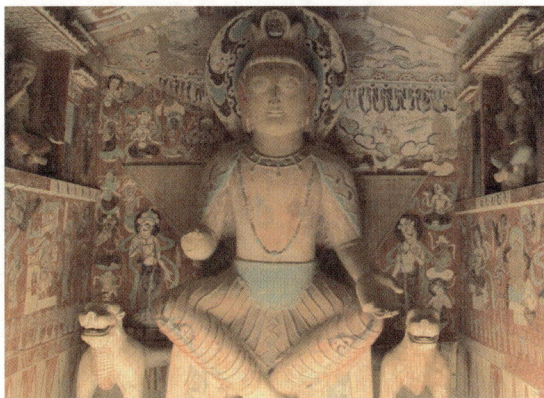

图4-13　莫高窟中的佛像与壁画

课 堂 讨 论

扫描二维码观看视频，或访问百度百科数字博物馆（http://baike.baidu.com/museum），搜索云冈石窟博物馆，进入云冈石窟博物馆全景漫游界面，如图4-14所示。谈一谈你对云冈石窟艺术魅力的理解。

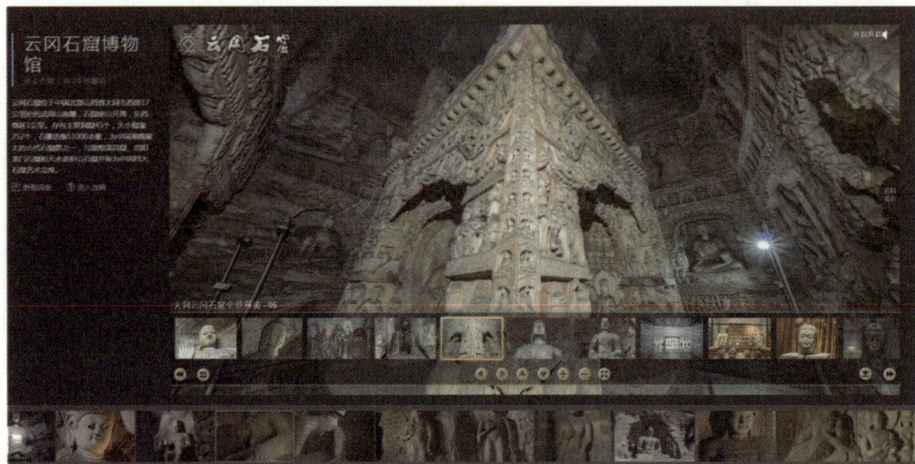

图4-14　百度百科云冈石窟数字博物馆

第二节　隋唐、五代时期的建筑装饰和室内设计

知识目标

熟悉隋唐、五代时期的建筑装饰和室内设计。

能力目标

能够分析隋唐、五代时期的建筑装饰和室内设计特色。

素质目标

提升对隋唐、五代时期的建筑装饰和室内设计的认知与审美能力。

一、墙面及门窗

隋唐时期建筑室内墙壁通常施白色粉刷。汉魏时期盛行的织物饰壁的做法，到唐朝依然盛行。佛寺、宫殿等建筑墙壁多绘有壁画，有些加以琉璃、砖木雕刻等贴饰。此时，壁画艺术达到极盛，其构图自由、色彩明快，具有丰满华丽、雍容大度的大唐之风，如图4-15所示。

隋唐门窗大多沿袭魏晋以来的样式，以版门与直棂窗为主。版门多用于门屋、殿堂、佛殿等建筑物的入口大门。门扇上有门簪、门钉、角页、铺首等装饰。角页与门钉多为铜质，表面錾刻精美花纹，或使用鎏金工艺以追求更为华美的效果。另外，唐代的铺首也由南北朝时期的兽鼻之下勾环演变为兽口衔环的形象，如图4-16所示。五代时期，南唐、吴越一带开始流行版门门扇上加设直棂窗的形式。

图4-15　唐代壁画

图4-16　唐代铺首

提 示

门簪是位于大门中槛上的木构件，少则两枚，通常四枚，或多至数枚，有方形、菱形、六角形、八角形等形状，装饰以图案或文字，其只为美观，并无结构功用，如图4-17所示。

图4-17　门簪

二、地面

隋唐时期建筑地面装饰手法丰富，有因循汉制进行涂色的做法，也有砖、石、木铺装手法。其中，地砖分为素砖和花砖两类，花砖的花纹多以莲花为主题，如图4-18所示。此外，也有为追求奢华效果，在宫殿、佛寺等特殊场所中，在室内地面铺设地衣。

图4-18　吉字凤凰纹花砖和莲花纹花砖

三、顶棚

顶棚的做法分为两大类，一类是"露明"的做法，另一类是"天花"的做法。露明的做法即"彻上明造"，而天花的做法又分为以下三种。

第一种是软性天花，即用秸秆扎架，于其上糊纸，多用于一般的住宅。稍微讲究一点的，可以用木条贴梁做成骨架，再于其上糊纸，称为"海墁天花"。这种做法多用于大型宅第和宫室。第二种是硬性天花，其做法是由天花梁枋、枝条组成井字形框架，在其上钉板，并在板上彩绘图案，或做精美的雕饰。这种天花端庄、隆重，多用于宫殿等较大的空间。第三种做法是藻井，主要用于天花的重点部位，如宫殿、坛庙的中央，特别是帝王宝座、神像佛龛的顶部，如图4-19所示。

图4-19　藻井图案

四、斗拱

初唐时期，斗拱已经跨入成熟期，盛唐时期，斗拱就已经达到完全成熟的程度。此时，斗拱的承托、悬挑功能已经完善，其形制也已经完备，形成了规范化的斗拱系列。南禅寺大殿、佛光寺大殿等建筑的斗拱，斗、拱、昂、坊等部件基本定型，材分模数也已经明确，如图4-20所示。另外，此时的斗拱已经从孤立的节点托架联结成整体的水平框架。斗拱用于柱头上称为"柱头铺作"，用于柱头之间阑额上面的称为"补间铺作"。

图4-20 南禅寺斗拱和佛光寺斗拱

第三节 隋唐、五代时期的家具与陈设设计

知识目标

熟悉隋唐、五代时期的家具与陈设设计。

能力目标

能够分析隋唐、五代时期的家具与陈设设计特色。

素质目标

提升对隋唐、五代时期的家具与陈设设计的认知与审美能力。

一、家具

隋唐五代是我国家具史上一个变革的时期,既融合了国内各个民族的文化,又大胆吸收了外来文化的优点。唐代是我国高低型家具并行的时期,此时,人们的起居习惯呈现出席地跪坐、伸足平坐、侧身斜坐、盘足迭坐和垂足而坐同时并存的现象。唐末、五代则成为我国家具形式进一步变革并逐步成熟的时期。

(一)椅凳类

中唐之后,垂足而坐尤为风行,上至帝王将相,下至宫女歌伎都开始使用高型坐具(见图4-21)。坐凳的种类繁多,主要有四腿小凳、

图4-21 壁画中描绘的坐具

圆面圆凳、腰凳和多人同坐的长凳。除凳椅外，坐具中还常见筌蹄和胡床。筌蹄是用竹编的，呈圆形。此外，独坐小榻和多人坐的长榻，也作为坐具与凳椅并存。

（二）床榻类

隋唐五代的卧具主要有床和榻。榻为可坐可卧的家具，但其主要为坐具，所以五代以前的榻，大多无围子，如图4-22所示。五代的《韩熙载夜宴图》中有两件床榻，左右和后面装有较高的围板，正面两侧各安一独板扶手，床榻之后，还有一张寝室的卧床，如图4-23所示。

图4-22　唐《历代帝王像》中的榻

图4-23　《韩熙载夜宴图》中的床榻

（三）几案类

隋唐时期的案有平头案和翘头案，高度在30～50 cm。高桌和高案是在低型几案的基础上发展起来的高型家具，高度约65～80 cm。唐代画作中也出现了桌子的形象，并且束腰家具得到普及，唐代《六尊者像》中就有束腰桌出现，如图4-24所示。唐代的桌腿多用板材角拼，到了五代，角拼的做法逐渐减少，大都改为圆桌腿，并常用夹头榫的牙板或牙条，还有在腿之间加横撑。

图4-24　唐《六尊者像》中的束腰桌

（四）屏风类

隋唐时期的屏风主要有折屏和座屏。折屏由多扇屏组成，小则两扇，多则可达数十扇。由于要互成夹角立于地上，所以，一律为双数。折屏高120～165 cm，是先用木条做成日字框或目字框，再在其上裱糊纸或绢、纱等织物。盛唐前后的折屏大多为六扇，称为"六曲屏风"。屏扇之间用丝绳或"合页"（唐时称"屈戌"或"交关"）连接。

座屏下有底座，不折叠，也叫硬屏风。屏扇下面有腿，可插入屏座之中。屏扇边有站牙，顶有屏帽，屏帽上有雕花，屏面常以木雕、嵌石、嵌玉、彩绘做装饰。隋唐时期，大多使用纸糊屏扇，而不大采用实板，如图4-25所示。

图4-25 《韩熙载夜宴图》中的屏风

二、室内陈设

我国的工艺美术经秦汉的大发展，至隋唐已达到全面繁荣的时期。由此，隋、唐、五代的室内陈设也更加丰富多彩。

（一）金银器

盛唐时期，生产力高度发展，中外文化交流繁荣，为金银器的生产提供了国力上的保证。科技技术水平的提高，金银产地的扩大，以及冶炼、制作、装饰工艺技巧的高超，又为金银器的生产提供了技术和物质上的保证。唐代金银器的器型极多，除首饰之外，属于陈设的有盆、碗、盘、罐、熏炉等。

唐代金银器的造型因物象形，或变换款式，或加以剔透，或多种式样结合。其纹样多为动物、狩猎、忍冬草、祥云、鸟兽、莲花等，如图4-26所示。

（二）铜镜

隋朝铜镜基本沿用六朝和汉代的式样，纹样主要是青龙、白虎、朱雀、玄武"四神"和十二生肖。唐代的铜镜（见图4-27）呈现出焕然一新、雍容华丽的面目。高宗至德宗时期，鸟兽、葡萄纹逐渐减少，名式花卉、盘龙和人物故事图案流行开来，典型图案有宝相花、双鸾衔长绶、缠枝花、狩猎和马球等。

图4-26 唐代金银器

图4-27 唐代铜镜

上篇 中国部分

（三）陶瓷

唐朝的陶器中最负盛名的是"唐三彩"（见图4-28），它是一种低温烧制的铅釉彩陶器，虽名为"三彩"，实际上却有黄、绿、褐、蓝、黑、白等多种颜色，只是由于黄、绿、褐三色用得较多，才俗称"唐三彩"。唐三彩的主要器型为人物、动物、建筑模型和器皿，其中最出色的是人物俑、马俑和骆驼俑。

隋唐时期的瓷器有青瓷、白瓷、彩瓷、黑瓷和花釉瓷。隋朝青瓷胎质细腻、器型较多，并开始使用护胎釉，其装饰做法主要是刻花和印花，装饰风格简洁质朴，如图4-29所示。唐代的青瓷主要器型有凤头壶、撇口壶、海棠碗、莲花碗、葵口盘、水盂、枕、灯和粉盒等，其装饰手法有刻花、印花、划花、堆贴等，如图4-30所示。

白瓷出现于北齐，隋唐时期，其制作工艺进步并逐渐成熟。西安出土的双螭柄双身白瓷瓶巧妙地把两只瓶颈合为一颈，器身又由两只瓶身组成，造型奇特而优美，是白瓷中的精品，如图4-31所示。唐代的白瓷遍及全国，其中，邢窑白瓷质厚白细，釉色晶莹，曾有"皎洁如玉"的美誉，如图4-32所示。

图4-28　唐三彩

图4-29　隋朝青瓷

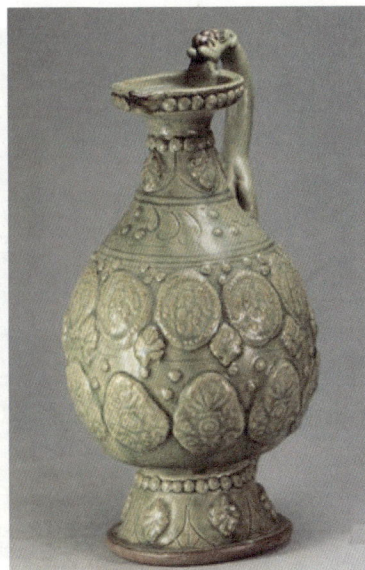

图4-30　唐朝青瓷

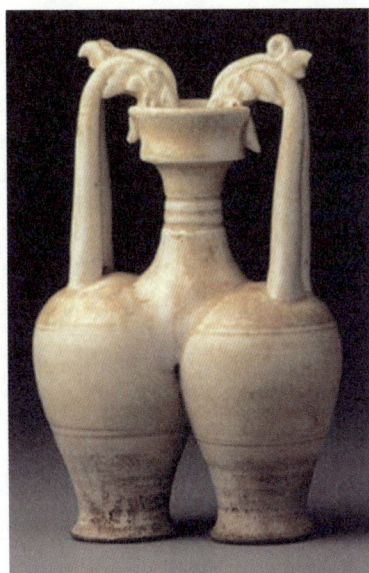

图4-31　双螭柄双身白瓷瓶

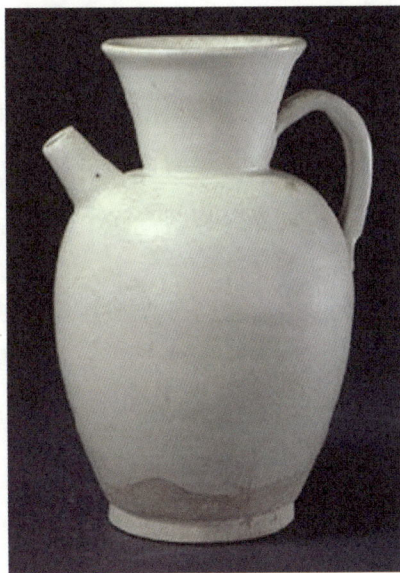

图4-32　邢窑白瓷

（四）灯具

隋唐时期，陶瓷业发达，所以陶瓷制品也广泛应用于灯具。唐代瓷器以青瓷和白瓷为主，因此，瓷灯也分为白瓷灯和青瓷灯。唐代陶灯除常见的灰陶灯外，还有三彩陶灯，河南洛阳出土的唐三彩灯包括座、柄、盘、盏4个部分，类似豆形，造型端庄秀美，如图4-33所示。

唐代的石灯不多。现存的一件佛教寺庙供养石灯堪称精美。其以群山作底座，以四条蟠龙作灯身，以丰满的莲花托灯室，灯室上的顶盖类似一个四坡顶。其通高193 cm，整体结构巧妙，造型别致，如图4-34所示。

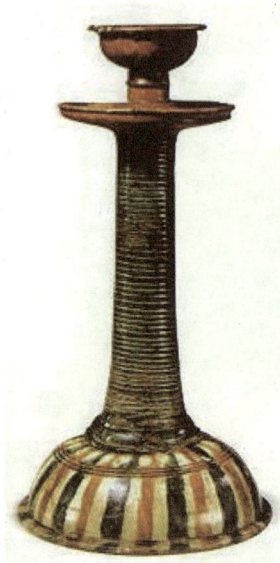

图4-33 唐三彩灯

图4-34 石灯

拓 展 阅 读

隋唐时期的宫灯

隋唐时期，在宫廷中出现了照明和装饰并重的宫灯。最早的宫灯主要用于节庆日，有一些则逐渐转为宫廷的日用灯。宫灯的种类较多，单独使用的有灯笼灯和走马灯，遇到重大节庆日，还可用众多的灯盏组成灯树与灯楼。

灯笼以竹篾或铁丝为骨架，外糊细纱或薄纸，里面点蜡烛，可挂可提，色彩鲜艳。走马灯是在灯笼的基础上形成的，其主要特点是笼内设置可以旋转的人物或动物剪影，具有更强的装饰性和可视性。

◆ 课后实践

访问国家博物馆网站（http://www.chnmuseum.cn）或登录百度百科数字博物馆（http://baikc. baidu.com/museum），认真观察隋唐时期的室内陈设，选择三件你最喜爱的物品，并说明理由。

思 考 题

1. 隋唐及五代时期的建筑装饰及室内设计包括哪些方面？各有何特点？
2. 隋唐及五代时期的家具及室内陈设表现在哪些方面？各有何特点？

第五章

宋、辽、金时期的室内设计

宋代分为北宋和南宋两个时期，北宋定都汴梁（今开封），与北方的辽、西夏等少数民族政权并存。公元1127年，金兵南下攻宋，北宋都城失陷，宋王室仓促南渡，定都临安（今杭州），史称南宋。南宋与北方的金政权长期对峙，金亡后，南宋与蒙古、元政权对峙。公元1279年，蒙古人南下，宋王朝全面失陷。

宋朝的城市商品经济和手工业繁荣，进而推动了包括建筑、绘画和工艺美术在内的整个文化艺术的恢复与发展。宋代的文化艺术在继承前代优秀传统的基础上，在内容和形式上都有开拓和创新，具有该时代特有的风格和品性，绚丽而多彩，成熟而精致。辽、西夏、金等少数民族的政治制度和生产水平相对落后，但其能够吸收汉民族的生产技术和思想文化，并与汉族一起进行新的文化创造，显示出各民族文化艺术的活力与个性。

第一节 宋、辽、金时期的建筑空间发展状况

知识目标

了解宋、辽、金时期的建筑空间发展状况。

能力目标

能够对宋、辽、金时期的建筑特色进行分析和总结。

素质目标

提升对宋、辽、金时期建筑的认知与审美能力。

一、都城

北宋都城汴梁已经发展成了具有百万人口的政治、经济和文化中心，其主要由皇城、内城和外城三大部分组成，呈现三城相套的特征，如图5-1所示。皇城位于内城中央偏西北的位置，称为宫城或大内；皇城的正门是宣德门，直通内南门朱雀门，形成御街；御街中央为御道，两侧有砖砌御沟，再两外侧建有御廊。为便于统治，北宋汴梁将若干街道组成一厢，每厢再分为若干坊。北宋画家张择端绘制的巨幅画卷《清明上河图》，生动形象地描绘了东京开封城的繁华景象，如图5-2所示。

南宋以临安为都城，在城市规划上沿袭了北宋汴梁制度。经济重心的南迁，使得南方随即也兴起了一批繁荣的都会，如临安、扬州、福州、泉州等。

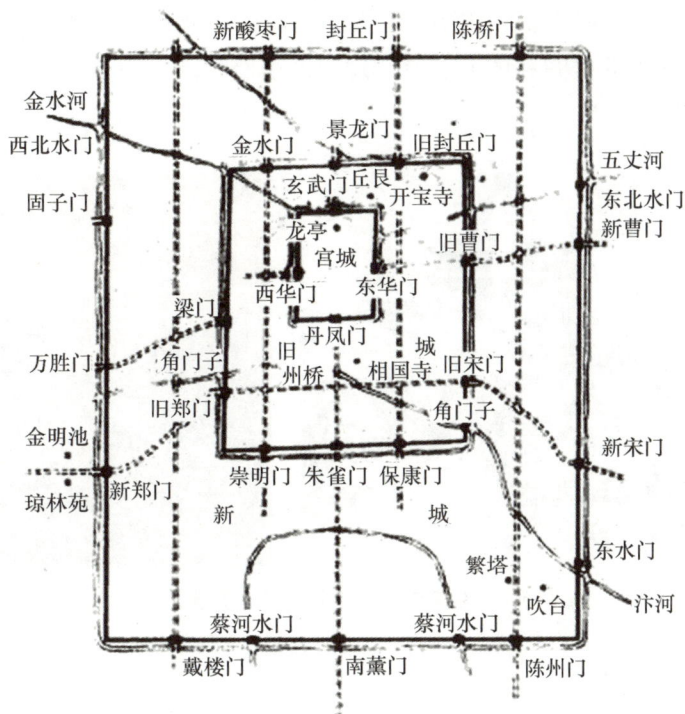

图5-1 北宋东京（汴梁）平面图

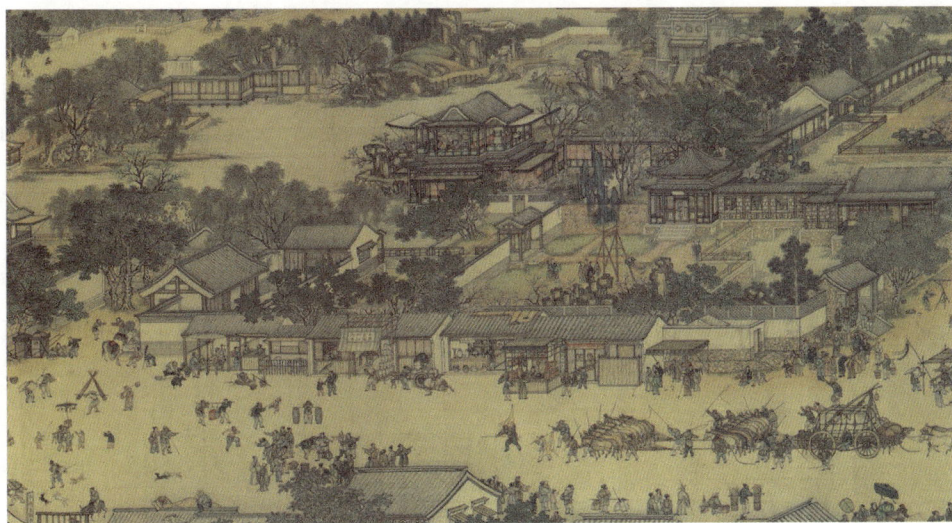

图5-2 《清明上河图》局部

课堂讨论

认真观察《清明上河图》，结合网上资料，说说北宋都城汴梁在经济、文化方面都出现了哪些繁荣景象？

二、宫殿

宋代宫殿建筑体量较唐时较小，细部装饰增加，注重彩画、雕刻，总体呈绚烂、柔丽的形象。女真人攻破繁华的宋东京城后，按照宋金东京宫城的样式在中都建造了金朝的皇宫。皇宫共有殿36座，此外还有众多的楼阁和园池名胜。现存的山西繁峙岩山寺的壁画反映了当时宫殿建筑的形象，如图5-3所示。

图5-3　繁峙岩山寺的壁画中的宫殿形象

三、佛教建筑

（一）佛寺

晋祠重建于北宋天圣年间（公元1023—1032年），现在的主要建筑圣母殿（见图5-4）面阔七间，进深六间，重檐歇山顶，殿顶琉璃为明代更制。大殿副阶周匝，殿身四周围廊，前廊进深两间，廊下宽敞，为唐、宋建筑中所独有。殿前廊柱雕饰木质蟠龙八条，逶迤自如、盘曲有力，系北宋元祐二年（公元1087年）的原物。殿的角柱生起颇为显著，上檐尤盛，使整个建筑具有柔和的外形，与唐代建筑的雄朴迥异。柱上斗拱出挑，下檐五铺作，上檐六铺作，昂挑调配使用，昂形规制不一，真昂、假昂、平出昂、昂形耍头等皆用之。斗拱形制如此繁复多变，使建筑物愈益俏丽。殿内无柱，六架椽的长栿承受上部梁架的荷载。

图5-4　晋祠圣母殿

提示

铺作是指斗拱类型，斗拱出一挑称为四铺作；出两挑称为五铺作，出三挑称为六铺作，以此类推。

昂是中国古代建筑斗拱结构中的一种木质构件，是斗拱中斜置的构件，起杠杆作用，利用内部屋顶结构的重量平衡出挑部分屋顶的重量。

河北正定隆兴寺是现存的展现宋朝佛寺建筑总体布局的一个重要实例。寺院北进为摩尼殿，再向北就是主要建筑佛香阁及其前两侧的转轮藏殿、慈氏阁。

寺内摩尼殿（见图5-5）建于北宋皇祐四年（公元1052年），是我国现存唯一一座平面呈十字形的大型佛殿，也是现存木建筑中四面施抱厦的最古老的范例。正中殿身五间，进深五间，殿基近方形，平面呈十字形，中央部分为重檐歇山顶，四面正中各出两间歇山顶抱厦，均以山面向前，殿身全是厚墙围绕，只抱厦正面开门窗。此殿在立体布局上富于变化，重叠雄伟，端庄严肃之中又显露出活泼生动的性格，是传世的宋代绘画中此种式样建筑的唯一实例。

转轮藏殿和慈氏阁都是二层，重檐歇山顶。大小相同，而结构各异。这两座建筑经后代重修多次，而以转轮藏殿保存宋朝的风格较多。转轮藏殿内部下层柱子，为了容纳六角形的轮藏，将两中柱外移，形成平面六角形的柱网，同时上下两层间没有平坐暗层，如图5-6所示。寺内其余配殿都是单层。

图5-5　摩尼殿

图5-6　转轮藏殿

提示

抱厦是指在原建筑之前或之后接建出来的小房子。在主建筑的一侧突出1间（或3间），由两个歇山顶丁字相交，插入部分叫抱厦。

（二）佛塔

宋代的塔，形制由四边渐变为六边、八边或十边形。这种肇源于八卦方位图式的塔，不仅轮廓曲线优美圆浑，而且更有利于结构的稳定，在塔的高度上也有了新的突破。

上篇　中国部分

山西应县佛宫寺释迦塔（见图5-7）建于辽清宁二年（公元1056年），是中国现存唯一的一座木塔。此塔在中国的无数宝塔中，无论建筑技术、内部装饰和造像技艺都是出类拔萃的。塔平面呈八角形，高9层，其中有4个暗层，高67.3 m，底层直径30.27 m，体形庞大。但由于各层屋檐上配以外挑的平座与走廊，层层梁坊、斗拱、栏杆重叠而上，加上造型优美的塔顶、塔刹，真有顶天立地的气势。

图5-7　佛宫寺释迦塔

四、民居

贵族宅第等多使用庭院式布局方式，建筑较为讲究，大多采用多进院落形式，庭院中主体厅堂与门屋间以一条轴线贯穿，有些后部附建园林。大型宅邸有大门、影壁、正厅、中门、后寝等，大门入口作断砌造，以便车辆进出。大型住宅中工字厅、王字厅形制较为常见，如《文姬归汉图》（见图5-8）中所绘北方官邸，其整体分左、中、右三路，中路至少两进。堂屋正对大门，堂前有阶，堂屋左右为东西厢房。一般民居的建筑形式较为简朴，空间格局也十分简单自由，灵活多变的住居组织形式多以满足生活使用为主。

图5-8　《文姬归汉图》局部

图5-9所示的仿宋代建筑的空间构造有何特点？现实生活中，你见过哪些与其类似的建筑？

图5-9　仿宋建筑

第二节　宋、辽、金时期的建筑装饰和室内设计

知识目标

熟悉宋、辽、金时期的建筑装饰和室内设计特色。

能力目标

能够归纳总结出宋、辽、金时期的建筑装饰和室内设计的要点。

素质目标

提升对宋、辽、金时期室内设计元素的认知与审美能力。

一、地面

宋、辽、金时期的地面铺装的材料与手法较为丰富，常见的有砖、石、木、灰、土等材质，灰土地面经济实用，使用频率很高，多用于民间建筑。

富贵人家有用釉砖铺地，并于地板上镂刻花草图案的，说明当时室内地面装饰水平已经达到一定的高度。宋代画作中也多有方砖铺设地面的描绘，通过有限的画面可推测采用了正纹或者斜纹等多种手法，例如，《柳枝观音图》所绘地砖镂刻着精美的花纹（见图5-10）。此外，宋代画作中也有表现木板铺装地面的做法，多用于楼阁、台榭等底部架空的建筑中，如"荷亭对弈图"中荷亭地面（见图5-11）。富贵人家为追求室内的奢华与舒适，则多在室内地面铺设"地衣"（即地毯）。

图5-10　柳枝观音图局部

图5-11　《荷亭对弈图》

二、墙体与门、窗

宋代建筑的墙体大致可分为夯土和木构两大主要类型，由于南北气候的差异，北方建筑除正立面外，其余三面多使用夯土厚墙，南方建筑中四壁则皆为木构幕墙。

随着木构架建筑的普及和小木作装修技术的发展，宋代形成了中国传统建筑独特的屋身立面形式，即在建筑南北向柱子间安装木构幕式墙。这种木构墙同时兼具门窗的形制与特征，宋代称其为格子门，清代时则称隔扇门。

提示

小木作是古代汉族传统建筑中非承重木构件的制作和安装专业。小木作制作的构件有门、窗、隔断、栏杆、外檐装饰及防护构件、地板、天花（顶棚）、楼梯、龛橱、篱墙、井亭等。中国古代把建造房屋木构架的称为"大木作"；把建筑装修和制作木制家具的称为"小木作"。前者的工人称"大木匠"，后者的工人称"小木匠"。

格子门总高度在6～12尺之间，每开间分为2扇、4扇或6扇，可依建筑的开间大小调整变化。格子门在柱子间连续地并列安装，构成了柱子间的整个墙体，其安装灵活自由，可冬设夏除。此外，通过木构件的雕饰与彩绘等手法，使得整个建筑立面获得十分精巧细致的视觉效果，如图5-12所示。

宋代的窗户主要有破子棂窗、版棂窗、闪电窗和阑槛钩窗等，其中，阑槛钩窗带有启闭装置（见图5-13）。破子棂窗和版棂窗类似于唐代的直棂窗，其棂使用等腰三角形断面棂条的为"破子棂窗"；使用矩形断面棂条的称为"版棂窗"。"闪电窗"多设在建筑物高处，其窗棂棂条弯曲，光线照入时，运动中的人们能感觉到棂条间的光线在闪烁。

图5-12　格子门

图5-13　《雪霁江行图》中的阑槛钩窗

拓展阅读

阑槛钩窗

　　阑槛钩窗往往通间安置，其形制主要是在房屋面向庭院或天井一侧设约半人高的槛墙，槛墙上的窗台板叫做"槛面"（踏板），槛面上另加窗框，窗框中安装窗格，称为槛窗。槛面高1尺8寸至2尺，窗高5～8尺，总高7尺至1丈。窗的宽度随建筑开间尺度而变化，每间可设3扇，窗扇格心为四直方格眼形式。再于槛窗外安装勾阑，即为阑槛钩窗。推开窗扇时，人们可坐于槛面上，外有勾阑凭靠。

三、顶棚

　　宋代的顶棚做法分为平闇、平棊、斗八藻井和小斗八藻井。平闇是顶棚中较为简单的一种，是用木椽做成较小的格眼网骨架，再铺以木板。一般是将其刷成土红色，无木雕花纹装饰。天津蓟县独乐寺观音阁的上、下层均采用了平闇式顶棚，如图5-14所示。

　　宋代的平棊是用方椽整齐地排列相交成小方格网架，上盖木板。通常以建

筑的间广与步架为基本单位，在一间广一椽架的面积内，用木板拼成板块，四周加固，中间用横木条把板连接成整体，板缝均用护缝条盖住，以免灰尘下坠。平綦造型多样，有方形、圆形、六角形、八角形等。山西大同严华寺薄伽教藏殿是辽代建筑典型之作，其顶棚大都做平綦，如图5-15所示。

图5-14 蓟县独乐寺观音阁平闇

图5-15 山西大同严华寺薄伽教藏殿平綦

斗八藻井多用于殿身内，自下而上分为三个结构层，即方井层、八角井层和斗八层。山西应县净土寺大雄宝殿藻井是当时最为华丽和复杂的代表。大雄宝殿深、广各3间，平面呈方形。大殿设覆斗形顶棚，以梁袱划分为9格，分别为9个藻井，中部斗八藻井最大，藻井下饰以天宫楼阁，做混金彩画，十分精美，如图5-16所示。天津蓟县独乐寺观音阁第三层做八角藻井，位于观音像头部正上方，八角形藻井由8条阳马汇集于一点，其间以更小的木条编成三角形小格子，其上再覆木板，如图5-17所示。宁波保国寺大殿的殿堂前部当心间有大藻井一个，两次间小藻井各一个，在大藻井两侧做平綦，斗拱遮椽板处做平闇，其是藻井、平綦和平闇完美结合的实例，如图5-18所示。

图5-16 山西应县净土寺顶棚藻井

图5-17 蓟县独乐寺观音阁藻井

阳马是中国古代算数中的一种几何形体，是底面为长方形、两个三角面与底面垂直的四棱锥体。

小斗八藻井多用于殿前副阶内，自下而上分为两个结构层，即八角井层和斗八层。山西应县佛宫寺释迦塔第一层藻井为八角形，藻井直接建在八角形井框上，转角处以阳马为骨架，如图5-19所示。

图5-18　宁波保国寺大殿顶棚

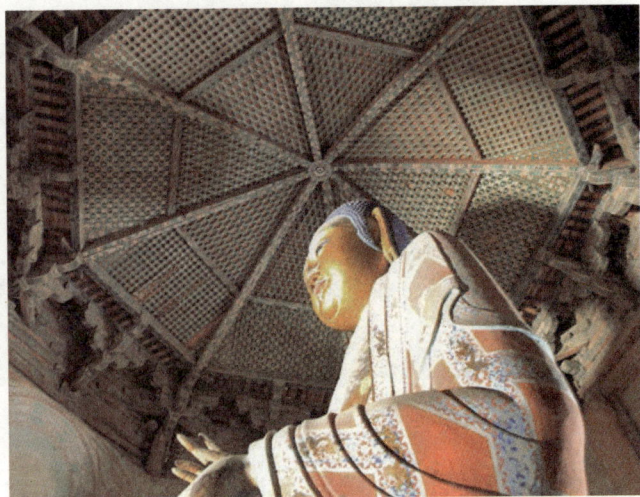

图5-19　山西应县佛宫寺释迦塔藻井

四、建筑装饰

北宋是建筑装修、装饰由简单、质朴发展到类型丰富、制作精美的重要转折时期。宋代的建筑彩绘分为6个等级，与建筑物的等第相匹配使用。这6个等级分别为五彩遍装、碾玉装、青绿叠晕棱间装与三晕带红棱间装、解绿装饰屋舍与解绿结华装、丹粉刷饰与土黄刷饰、杂间装。

五彩遍装最为华丽，是唯一可使用金色的彩绘，要求建筑每一构件均施彩绘，并使用多种颜色达到五彩缤纷的效果。碾玉装主要使用青、绿色为主色调，偶尔使用其他颜色做点缀。因其画面内外多层晕叠，犹如光洁的玉石，故而得名。青绿叠晕棱间装与三晕带红棱间装主要用于斗拱的构建装饰中，以青、绿色晕染边棱，其具体画法又分为3类，即青绿两晕、青绿三晕和青绿红三晕。解绿装饰屋舍与解绿结华装是将梁额、斗拱等建筑构件以土朱为主的暖色调装饰，柱橡则使用绿色调。丹粉刷饰与土黄刷饰皆采用平涂手法，以白粉或墨线勾边，整体色调以暖色调为主。杂间装是将前述5个品类彩画相互配合使用于同一幢建筑物中，从而使装饰效果更加丰富。在所有的建筑彩绘手法中，以五彩遍装规格最高，碾玉装次之，叠晕、解绿装为中等，刷饰彩画为最低档。

彩绘中的花饰以如意头和写生花卉为主，花卉图案中最常用的是宝相、石榴和荷花。此外，彩绘还经常使用飞仙、飞禽、走兽和云纹。图5-20所示为宋代彩绘纹样，图5-21所示为河北定县北宋开元寺塔内彩画。

| （a）三卷如意头 | （b）簇三 | （c）牙脚 |

图5-20 宋代彩绘纹样

图5-21 河北定县北宋开元寺塔内彩画

宋代的木雕做法分为4类，即混作、雕插写生华、起突卷叶华和剔地洼叶华。混作就是圆雕，包括各种人物、动物及角梁下的角神、缠龙柱等；雕插写生华即圆雕的立体花枝，插在拱眼壁处为装饰；起突卷叶华是突显主题的高浮雕手法；剔地洼叶华则为木构件表面的浅浮雕形式。木雕的纹样多为神仙、人物、写生花、卷叶花和凹叶花。

宋代的石雕多见于室内的柱础和须弥座。其中，须弥座主要用于庙宇和陵墓。石雕有4种技法：一是"素平"，即阴纹线刻；二为"减地平级"，可看作平雕或平浮雕；三为"压地隐起"，可以认为是浅浮雕；四是"剔地起突"，可以看作是高浮雕和半圆雕。

宋代的砖雕有两类，一类是先模制后烧造，另一类是在烧造好的砖上雕花饰，宋代及其后的时期主要应用后者，图5-22所示为宋代花砖。

图5-22 宋代花砖

《营造法式》

《营造法式》是宋崇宁二年（1103年）出版的图书，是作者李诫在两浙工匠喻皓的《木经》的基础上编成的。《营造法式》是北宋官方颁布的一部建筑设计、施工的规范书，是当时建筑设计与施工经验的集合与总结，这是我国古代最完整的建筑技术书籍，标志着中国古代建筑已经发展到了较高阶段。

《营造法式》揭示了北宋统治者的宫殿、寺庙、官署、府第等木构建筑所使用的方法，使我们能在实物遗存较少的情况下，对当时的建筑有非常详细的了解，填补了中国古代建筑发展过程中的重要环节。通过书中的记述，我们还知道现存建筑所不曾保留的、今已不使用的一些建筑设备和装饰。

第三节　宋、辽、金时期的家具与陈设设计

知识目标

熟悉宋、辽、金时期的家具与陈设设计。

能力目标

能够分析总结宋、辽、金时期的家具与陈设设计特色。

素质目标

提升对宋、辽、金时期家具及室内陈设的认知与审美能力。

一、家具

宋代家具改变了隋唐时期的箱形壸门式结构体系，采用了建筑结构体系中的柱梁式框架结构。室内家具的陈设格局逐步突破了席地而坐时期以"席、床、榻"为中心的传统，进而转向以高型"桌、案"为中心，配合以椅、凳类家具的起居习惯。

（一）床榻类

宋代画作中常见榻，其形制较窄，多供一人坐卧，摆放位置自由，如《槐荫消夏图》（见图5-23）、《维摩演教图》（见图5-24）中均描绘了这种小榻。此外，宋代还有一种形制较大的榻，周围不设围子，也有和屏风组合使用的例子。

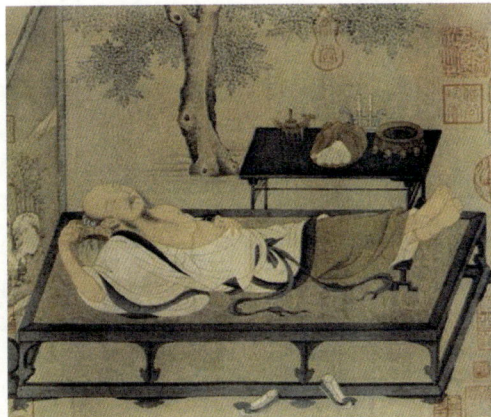

图5-23　《槐荫消夏图》

图5-24 《维摩演教图》

（二）桌案类

桌案类家具包括案、桌、几等形制。宋时案、桌形制区别并不十分明显。通常情况下，宫廷、文人士大夫多用案，市井家具中桌出现得较多一些，桌子的形制也比较简单。

宋代的案类家具分为夹头榫案和插肩榫案，以前者居多。《瑶台步月图》（见图5-25）、《槐荫消夏图》（见图5-23）、画像砖《妇女研鲙图》（见图5-26）及《蕉荫击球图》（见图5-27）均有对夹头榫案家具的描绘。

图5-25 《瑶台步月图》

图5-26 《妇女研鲙图》

图5-27 《蕉荫击球图》

桌的规格低于案，形制上略有差别。两宋时期，许多市井中使用的简易型案，由于使用上的差异，可以称之为桌，多见于商业店铺、普通农家中。如《蚕织图》中描绘的木桌（见图5-28），结构合理、比例匀称，在使用中可自由搭配，实用性极强。

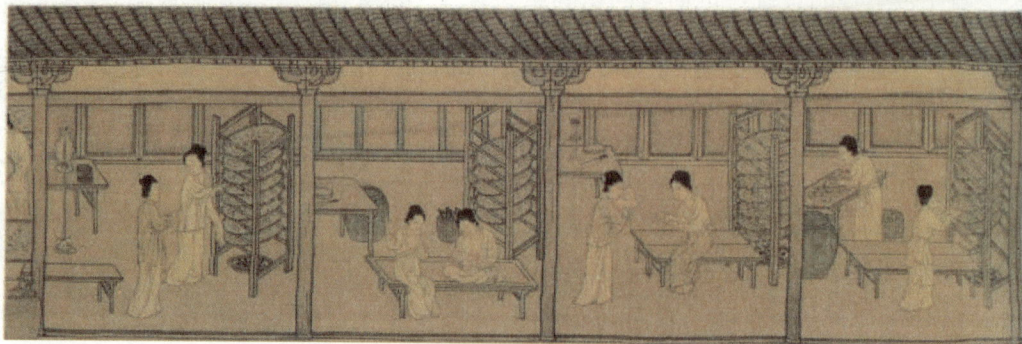

图5-28 《蚕织图》

宋代的高几有圆、方两种形式，多用于放置香炉或花瓶。宋代《听琴图》中描绘有一方形香几（见图5-29），《维摩演教图》中描绘有一六角形香几（见图5-30）。

图5-29　《听琴图》中的方形香几

图5-30　《维摩演教图》中的六角形香几

（三）椅凳类

宋代的椅可分为扶手椅、靠背椅、圈椅等多种形式。扶手椅有靠背及扶手，宋画中的扶手椅椅背多低矮，带有脚踏。《宋太祖像》中的椅子也称宝座，尽显富贵华丽，如图5-31所示。靠背椅大多没有扶手，靠背由两侧两根立材、居中的靠背板及一根"搭脑"组成。南宋《宋仁宗皇后像》中的靠背椅精致华丽，为宋代宫廷家具的代表，如图5-32所示。

图5-31　《宋太祖像》

图5-32　《宋仁宗皇后像》

凳和墩均为没有靠背和扶手的坐具，宋代的凳类家具有长凳、方凳、圆凳、杌凳等形式。南宋《小庭婴戏图》中描绘的方凳非常精美，如图5-33所示。墩在宋代也已相当普遍，南宋《秋庭婴戏图》中描绘有开光圆墩，如图5-34所示。

图 5-33 《小庭婴戏图》

图 5-34 《秋庭婴戏图》

（四）柜橱类

柜是一种长方形家具，一般为木制，宋代多见平柜，可分为方柜、矮足柜、座柜和立柜等形式。宋代《五学士图》中描绘了一体形方正、面积较大的柜子，柜门向前，如图 5-35 所示。橱的形制与桌案相似，一般为木制，正面设门，早期形体较箱、柜大，主要用以存放食物和食具。箱是一种方形储物家具，主要由木、竹或皮革制成，与柜、橱相比，箱的形体较为低矮。苏州虎丘塔重修时，发现一个宋代木箱，以楠木制成，表面为本色油漆，接缝处镶包鎏金银边，箱口处有鎏金镂花锁一把，如图 5-36 所示。

图 5-35 《五学士图》

图 5-36 苏州虎丘出土的宋代木箱

二、室内陈设

（一）陶瓷

汝窑、官窑、定窑、哥窑和钧窑被称为宋代五大名窑。其中，官窑主要烧制青瓷，大观年间，釉色以月色、粉青、大绿 3 种颜色最为流行。官瓷胎体较厚，天青略带粉红颜色，釉面开大纹片。瓷器足部无釉，烧成后是铁黑色，口部釉薄，微显胎骨，即通常所说的"紫口铁足"，如图 5-37 所示。

哥窑瓷的釉面有大大小小规则的开裂纹片，俗称"开片"或"文武片"。小纹片的纹理呈金黄色，大纹片的纹理呈铁黑色，故有"金丝铁线"之说，如图 5-38 所示。

钧窑瓷属青瓷，但由于有铜的氧化物为着色剂，使青瓷泛出了海棠红、玫瑰红等色，更显鲜艳绚丽。宋代诗人曾以"夕阳紫翠忽成岚"赞美之，如图5-39所示。

图5-37 宋代官窑瓷器

图5-38 哥窑瓷碗

图5-39 钧瓷

（二）金属器

宋代铜器的数量较大，其制作技术也有所提高。宋代的铜镜在铜器中最具代表性，铜镜有圆形、方形、亚形、钟形和葵花形等，也有带柄手执镜。其镜胎较薄，花纹多为旋转式，图案多为缠枝花草，如图5-40所示。金银器中以酒具居多，此外，也有瓶、执壶、尊、杯、盆及茶托等，如图5-41所示。

图5-40 亚型铜镜

图5-41 宋代金器

（三）灯具

宋代的灯具以陶瓷灯具为主。宋代的瓷灯比隋唐时期的矮小，但类型丰富，其基本形式是直口或敞口，口沿较宽，腹部或直或弯，下有较高的圈足。其装饰纹样多为花草，釉色以黑釉、青釉、白釉、绿釉和黄釉为主。宋代仍有三彩陶，称为"宋三彩"，河南鲁山段店窑址出土的宋三彩陶灯，其腹部有印制的莲瓣灯，厚实精美，如图5-42所示。

辽、金时期的瓷灯除与宋代瓷灯相似者外，还有一些造型较为奇特的。辽宁北票水泉出土的摩羯灯采用了摩羯鱼（摩羯鱼是印度神话中的形象，被视作生命之本）的形象，该摩羯灯显示有摩羯鱼身、鱼尾和双翼，并在周围以水珠做装饰，显示了辽代工匠融汇中外文化的思想，如图5-43所示。

上篇 中国部分

图5-42 宋三彩陶灯

图5-43 青瓷摩羯灯

（四）玉牙雕刻

宋代的文思院中专门设有玉作、牙作、犀作、雕木等部门。金代收藏考证金石风气兴盛，奇珍异玉在文玩中占有很大的比例。宋代的玉雕题材趋向写实，不仅有仿古的炉鼎之类，也有大量的杯、盂、花鸟、文具等观赏工艺品，如图5-44所示。辽代的玉雕则更重表现自然，鸟兽形象生动而有特色，如图5-45所示。

图5-44 宋代玉雕"螭龙乳丁纹瓶"

图5-45 辽代玉雕"鹿衔灵芝"

◢ 课后实践

上网查找宋代绘画作品，看看其中出现过哪些家具及室内陈设设计？将其收集或描绘下来，与同学们交流收获和心得。

思 考 题

1. 宋、辽、金时期的宫室及佛教建筑有哪些特点？其演变趋势是什么？
2. 宋、辽、金时期的室内设计特色有哪些？室内家具和室内陈设设计特色有哪些？

第六章

元、明、清时期的室内设计

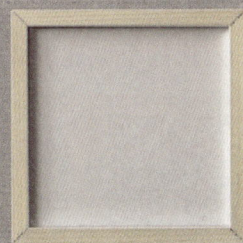

元朝兼收并容，使得各种传统建筑获得自由发展的机会，出现了我国历史上少有的建筑文化交流盛况。自元代始，藏传佛教得到确认和发展，藏传佛教建筑增多，汉藏建筑文化得到了广泛的交流。

明代立国之初，恢复生产、发展经济，逐步建立了继汉、唐以来的第三个强盛王朝。明代的营造技艺大为进步，其建筑成就标志着中国古代建筑的主要方面已达到成熟阶段。清政权的建立，出现了中国封建社会后期的一次繁荣，即"康乾盛世"。清代在离宫、园囿和大型寺庙等领域广泛吸收各地区、各民族的优点，取得了超过前代的更具创造性的成果。

第一节　元、明、清时期的建筑空间发展状况

知识目标

熟悉元、明、清时期的建筑空间发展状况。

能力目标

能够对元、明、清时期的建筑及园林设计特色进行分析和总结。

素质目标

提升对元、明、清时期的建筑及园林设计的认知与审美能力。

一、都城

元代的都城建设取得了重要成就，元大都既是元代城市建设的典型代表，也是元代建筑成就的典型代表。元大都（见图6-1）总面积约50.9 km²，是一座由外城、皇城和宫城组成的巨大城市，是中国历史上唯一一座按照街巷制度新规划的都城。城内由11条大街划分为若干矩形街区，除了皇城与大型衙署等占地外，其余街区内均横向布置胡同，胡同两端直通大街，各街区虽有名称，但不设坊墙。宫城位于大城南半部，宫城外围以皇城，皇城东侧多设衙署，西侧布置寺观。大城北半部在南北中轴线上建钟楼和鼓楼，是全城的商贸中心。

明永乐年间开始在元大都的基础上修筑新的都城。明北京城建成后面积约35 km²，城址在元大都基础上向南扩展0.7 km，设城门9座。明永乐帝拆毁元大都内诸宫，于其偏南位置重建北京宫城，称为紫禁城，分别于紫禁城南左、右侧建太庙和社稷坛。明嘉靖年间扩建北京南外城，东西宽7.9 km，南北深约3.2 km，南面开3座门。

清建国时定都盛京（今沈阳），入关后沿用明北京城为都城，并基本保持原有城市整体格局（见图6-2）。清代以正阳门外大街为中心，东西至崇文门、玄武门外大街形成了极为繁华的商业文化区，琉璃厂一带还形成了以书肆为主的文化街。

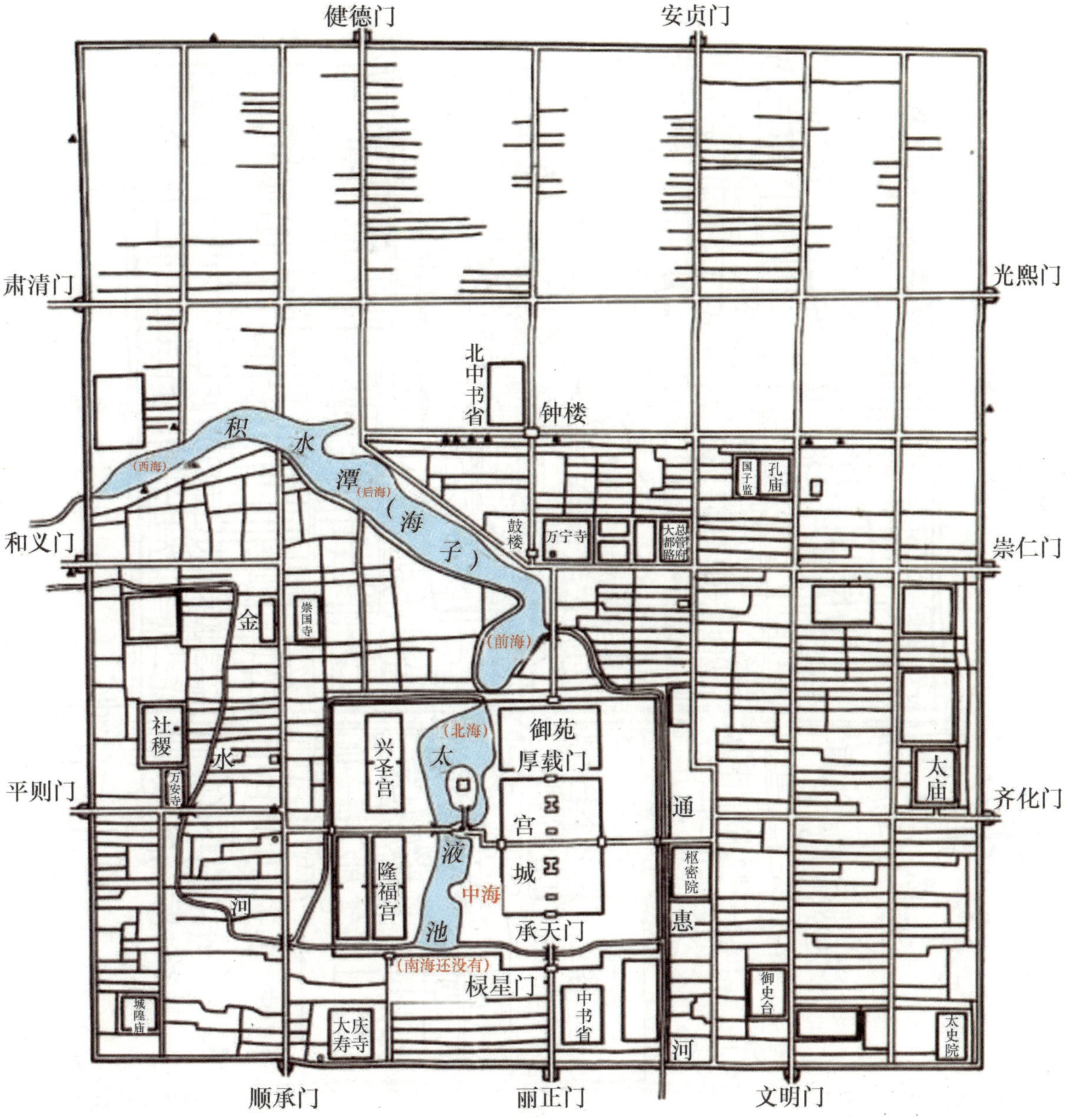

图6-1 元大都平面复原图

健德门 安贞门

肃清门 光熙门

北中书省 钟楼

积水潭

（西海）

（后海）（海子）

和义门 崇仁门

鼓楼 万宁寺 大总管都督府 国子监 孔庙

（前海）

金 崇国寺

社稷 （北海）

兴圣宫 御苑 太庙

平则门 万安寺 太液池 厚载门 齐化门

宫城 通

隆福宫 中海 城 承天门 枢密院 惠

水 （南海还没有）

河 棂星门 御史台 河

城隍庙 大庆寺 中书省 太史院

顺承门 丽正门 文明门

北

地坛

0　500　1000米

德胜门　安定门

西直门　钟楼　东直门

鼓楼

皇城城

阜成门　北海　景山　朝阳门

月坛　宫殿　日坛

中海

南海　社稷坛　太庙

西便门　东便门

宣武门　正阳门　崇文门

广宁门　广渠门

天坛、大享殿(祈年殿)

先农坛、神祇坛

右安门　永定门　左安门

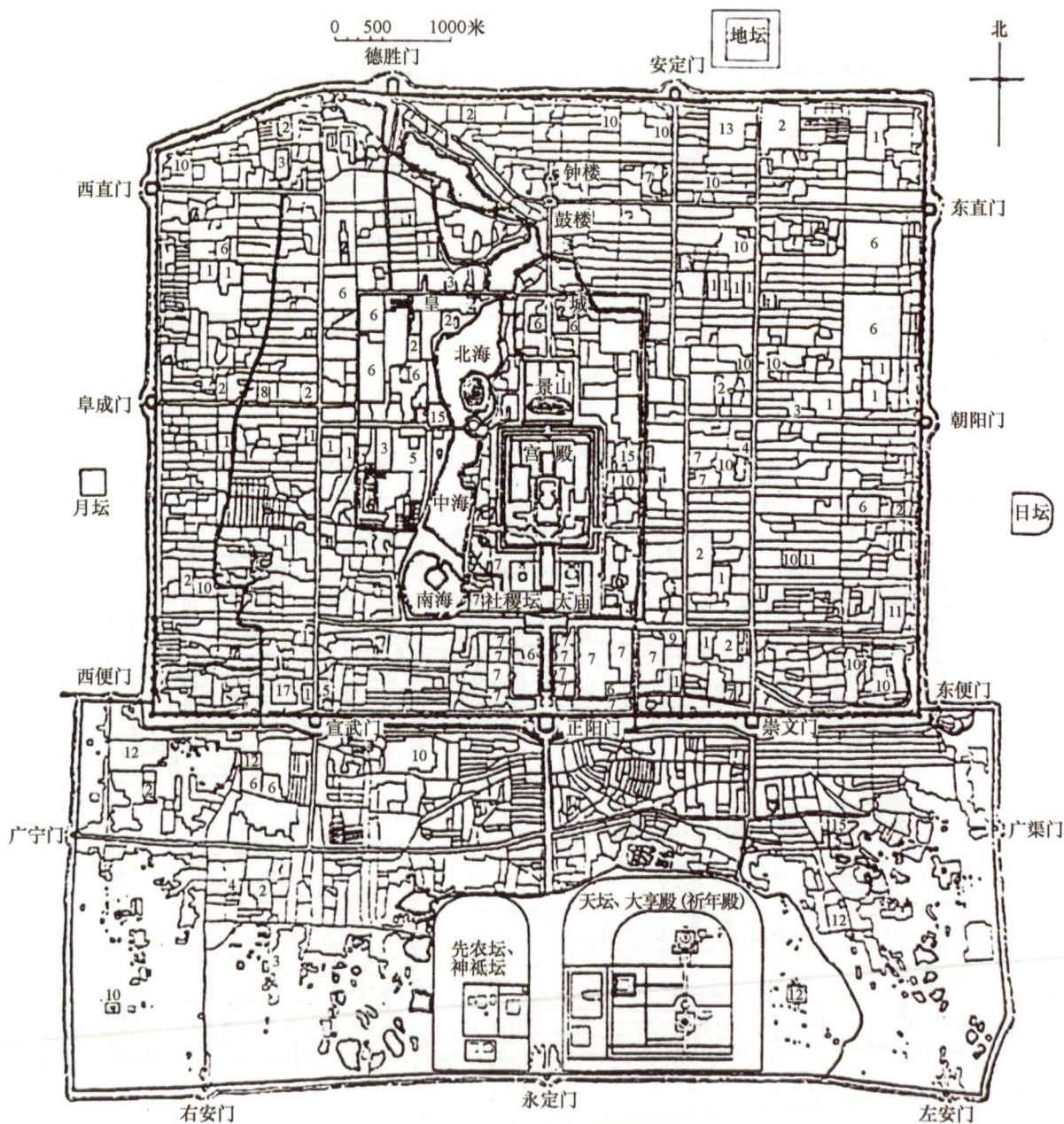

1—亲王府；2—佛寺；3—道观；4—清真寺；5—天主教堂；6—仓库；7—衙署；8—历代帝王庙；9—满洲堂子；10—官手工业局及作坊；

11—贡院；12—八旗营房；13—文庙、学校；14—档案库；15—马圈；16—牛圈；17—驯象所；18—义地、养育堂

图6-2　明清时期北京城平面复原图

拓展阅读

紫 禁 城

紫禁城是明清两个朝代的皇宫。明紫禁城全城南北长961 m，东西宽753 m，占地面积约723 000 m²，城高约10 m，四面各设一门。南、北分别为午门、玄武门，东、西分别为东华门、西华门，城外围以护城河，城四隅设角楼。午门、玄武门之间形成全宫的中轴线，中轴线上分别建有外朝主殿——奉天、华盖、谨身三大殿，其后建有内廷主殿——乾清、坤宁二宫。内、外朝殿阁各有殿门，周围以回廊环绕，形成巨大的殿庭。外朝两侧分别建有文华殿、武英殿两组殿庭，与外朝三大殿一起形成外朝东、中、西三路轴线。内廷两侧也分别建有东西六宫，与内廷主殿一起形成内朝东、中、西三路。紫禁城建成之后一直沿用并陆续扩建，在早期主体格局上又出现外东路、外西路建筑。清乾隆初年将乾西五所建为重华宫、建福宫；宁寿宫添建大殿及养心殿、乐寿堂、戏台、花园等；新建康寿宫、寿安宫、雨华阁、文渊阁等；将撷芳殿改建为南三所。

二、宫殿和庙宇

元代大型建筑组合体以大都宫城中的"大内前宫"大明殿及"大内后宫"延春阁为典型代表。大明殿（见图6-3）为廊庑环绕的纵长矩形宫院，前殿面阔11间，其后为面阔5间、左右各有3间夹室的寝殿，中间设12间柱廊连接形成"工"字形殿，寝殿中部向后凸出3殿，称为香阁，为元帝寝宫。寝殿东西两侧各并列建有面阔3间、前后出抱厦的独立殿宇，于前殿、寝殿一起组合成为一组巨大的建筑综合体，是宫内尺度最大的建筑物。大明殿后的延春阁为元后所居，形制格局均类似于大明殿，不同之处在于其前部大殿改为高两层、出三重檐的楼阁形式，面阔也改为9间。

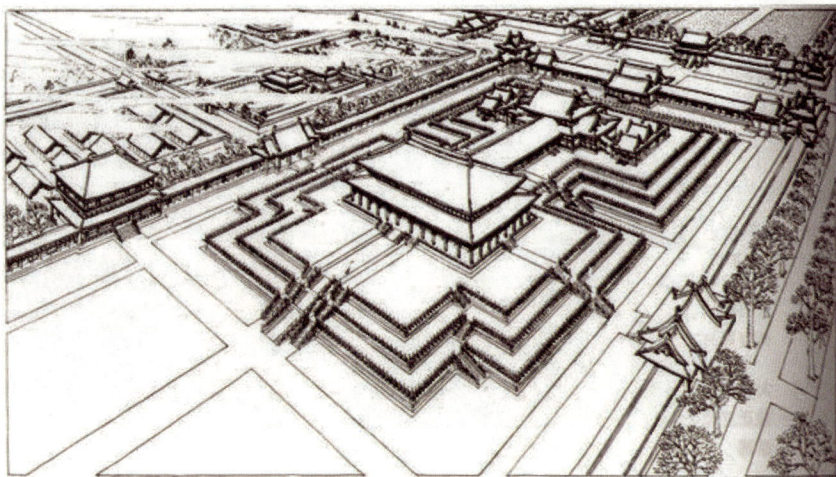

图6-3 元大都大明殿复原图

经过漫长的发展演变，作为中国古代建筑主要构架形式的木构架技术，至明清时期已趋于成熟定型。其木构架结构在前代建筑构架的基础上，更进一步简化，以梁架体系代替了斗拱承担挑檐的作用，使得原来的斗拱逐步向着装饰垫层方向发展，柱网结构的稳定性得到了进一步加强。

清康熙年间重建的太和殿，建筑面积达2 002 m²，是现存木构大殿中最大的一座。太和殿面阔 60.8 m，为了安排明间内宽大的皇帝宝座，其明间开间达 8.44 m，殿内金柱间跨度为 11.17 m，金柱高达 12.63 m，加上屋架高度，该殿总高度达到了 24.14 m，是古代单层建筑实例中高度最高的一例，如图 6-4 所示。

图 6-4 太和殿内部

课 堂 讨 论

扫码观看视频，谈谈故宫太和殿的空间构造有哪些特点？

天坛为明、清两代帝王祭祀皇天、祈五谷丰登之场所。祈年殿（见图 6-5）是天坛主体建筑，又称祈谷殿，是一座镏金宝顶、蓝瓦红柱的三层重檐圆形大殿。其内部金碧辉煌的彩绘和殿内的柱子极具象征意义：内围的 4 根"龙井柱"象征一年四季；中围的 12 根"金柱"象征一年 12 个月；外围的 12 根"檐柱"象征一天 12 个时辰。中外两层柱子共 24 根，象征 24 节气。

（a）祈年殿外观

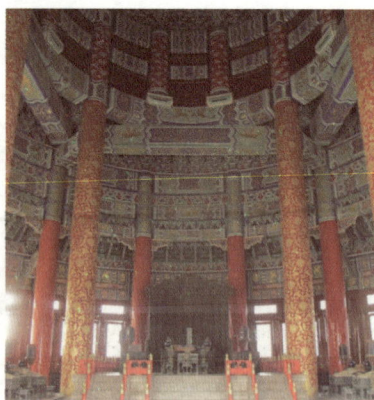

（b）祈年殿内部

图 6-5 天坛祈年殿

三、民居

北京后英房居住建筑遗址（见图 6-6）为元代北方住宅建筑的重要代表，其整体分为东、中、西 3 个院落。其中，中院建筑体量最大、规格最高，是一所主体为面阔 3 间、左右有耳房、前后出前轩和后廊的建筑组合体，北面正厅3间，宽11.83 m，进深6.64 m，后加一间深2.44 m的后廊。厅前出一同宽的轩（类似亭），深4.39 m，三面装格子门；厅之两山为砖墙，其外侧各有宽一间的耳房。该组建筑建在砖砌的高约0.8 m的凸字形台基上，台前连接一与前轩台基同宽的甬道，甬道两侧有东西厢房。

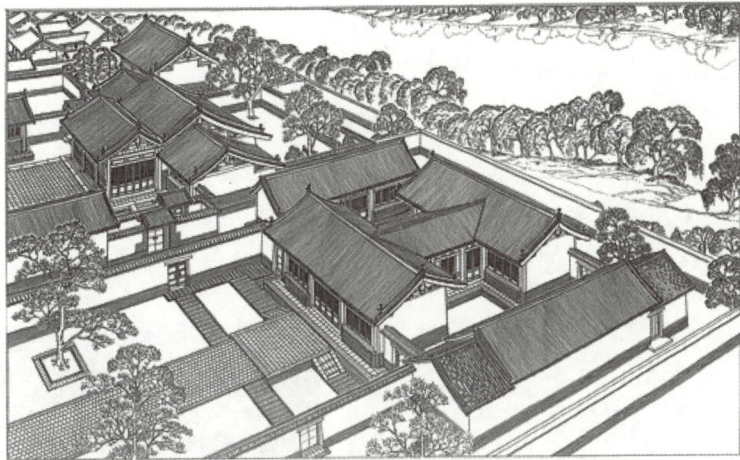

图6-6 北京后英房居住建筑遗址复原图

合院式民居至清代时形式更为丰富，并表现出明显的地方特色。北京四合院（见图6-7）就是北方合院式民居的典型形式，完整的四合院皆有前、中、后三进院落。大门开在东南角上，门内设影壁，院内按南北纵轴线对称地布局住屋。进门转西向入前院，前院正中纵轴线上设立垂花门，门内是面积较大的中院，院北正房为正厅，为活动、待客之处。清代规定正房面阔不超过3间，正厅两侧的套间供长辈居住，正房两侧附有耳房。正房两侧的厢房供晚辈居住。第二进院落同样设正房、厢房，供居住所用。在最后一排设有后罩房形成后院，供储藏、仆人等用。厨房设在中院东厢或后院，厕所设于角落隐蔽处。

小天井式民居（见图6-8）主要流行于皖南、浙东和赣北山区，以徽州民居最具代表。其一般多为楼居，平面呈三合、四合、H形、日字形等，天井很小，大门设在正中或侧屋。堂屋及生活用房设在下层，上层为祖堂或仓储用房，也可设住屋。堂屋皆为敞口厅形式，两侧建有附属用房或者楼梯间，进深均较窄。

图6-7 北京四合院

图6-8 天井式民居

拓展阅读

闽粤土楼

闽粤土楼为一种组群式民居，主要分布在我国闽、赣、粤一带，有一字形、圆形、方形等，多为3层，外墙厚，底层不设窗户，其余窗户尺寸均偏小，内部房间空间不大，每层均有内廊道联通四周。

福建永定县的大土楼（见图6-9），最大者直径可达70余米，3层环形房屋相套，房间达300余间，可供600余人居住其中。其外环房屋高达4层，底层作厨房、杂用，二层主要用作贮藏，三层以上供人们起居之用。内层两环房屋均为单层，作为杂务或饲养家畜之用。环楼中央设圆形祖堂，是供族人举行公共事务的场所。

图6-9　福建永定土楼

课堂讨论

你还了解哪些富有特色的民居，其空间构造有何特点？

四、园林

皇家苑囿是皇室成员休息游乐的地方，也兼有行宫的功能。明代苑囿不发达，主要有皇城西部的西苑。清代除扩建西苑外，还在京西一带修建了圆明园、长春园和清漪园，并在承德修建了避暑山庄。圆明园（见图6-10）有"万园之园"的美誉，在建筑形式上兼容中西特色。清漪园为颐和园的前身，再修时改名颐和园（见图6-11）。它以万寿山和昆明湖为主体，利用天然地形修建了精美的亭园，展现了超高的造园水平。

图6-10　圆明园复原图

图6-11　颐和园

　　明清的私家园林是适应官僚、文化、商贾的需要而繁荣起来的。与皇家苑囿不同，其都是在有限的空间内通过叠石、理水、栽植和修改亭馆、廊轩取得"小中见大"的效果。明清园林中，以苏州和扬州园林的名声最响。苏州著名的园林有明代的拙政园（见图6-12）、留园，清代的怡园、网师园和环秀山庄等。扬州著名的园林在康熙和雍正年间有8处，清代中叶则有数十处。现存有寄啸山庄（何园，见图6-13）和个园，均有巧夺天工的表现。

图6-12　拙政园

图6-13　何园

第二节　元、明、清时期的建筑装饰和室内设计

知识目标

熟悉元、明、清时期的建筑装饰和室内设计。

能力目标

能够对元、明、清时期的建筑装饰和室内设计特色进行分析和总结。

素质目标

提升对元、明、清时期的建筑装饰和室内设计的认知与审美能力。

上篇　中国部分

一、地面

元代宫廷建筑装饰与装修追求奢华的效果，元宫殿内使用花石铺地后，再于其上铺设一层或多层细毛皮褥。

清代官式建筑室内地面大部分以砖墁（铺饰）地，可分为方砖和小砖两种。按其等级又可分为金砖墁地、细墁地面、淌白地面及糙墁地面，分别代表着砖料加工磨制的粗细程度及施工方法。金砖墁地规格最高，多用于宫殿的主要殿堂，所用方砖多由苏州陆慕出产，地面基层改用白灰砂浆。北京故宫太和殿的地面采用的就是金砖墁地，金砖铺装的地面光洁平整、乌黑油亮、软硬适度、耐磨耐擦，是中国古代最高水平的地面铺装工艺，如图6-14所示。

图6-14 金砖墁地的太和殿

民居地面铺装手法较为简朴，主要有灰土地面、三合土地面、卵石地面、石板或片石地面，还有的掺杂瓷片、片砖、瓦片等拼接出各种图案进行装饰。

二、墙体

明清的制砖业有巨大的发展，清代官式建筑中用于围合或分隔空间的山墙、檐墙（见图6-15）、槛墙、廊心墙（见图6-16）、室内隔墙和扇面墙等，以及院墙、影壁、城墙等均大量使用砖砌，少数以石砌或掺杂石材。民居的墙体选材则因地制宜，北方多见夯土墙、土坯墙、泥墙和石墙等，南方多见砖空斗墙、编竹夹泥墙、石板墙和毛石墙等，也有使用贝壳、陶钵等材质的。

图6-15 檐墙

图6-16 廊心墙

上篇 中国部分

提示

空斗墙是用砖侧砌或平、侧交替砌筑成的空心墙体。

在室内墙壁的抹面中，宫殿等大型建筑多在墙面刷饰黄色的包金土或贴金、银花纸，还多使用一种高级的预制墙面，即使用预制的木格框，裱以夏布和毛纸，粉刷成白色，然后固定在墙壁毛面上，称为"白堂蔑子"。民居的墙壁抹面的手法更为丰富，北方民居的砖砌墙表面施以麻刀白灰抹面，或清水砖做细，或做壁画。土坯墙表面使用稻壳泥，再刷白灰水罩面，也有在墙表面裱糊一层大白纸的做法。南方民居隔墙多用木板壁或编竹夹泥壁，富裕人家的编竹夹泥墙做法考究，面层抹纸筋灰粉白，也有用夏布罩面、抹灰粉白的。

提示

夏布因专供夏令服装和蚊帐之用而得名，是用手工把半脱胶的苎麻撕劈成细丝状，再头尾拈绩成纱，然后织成狭幅的苎麻布。

知识链接

各地民居墙面工艺

四川、青海等西北藏居喜欢用木板壁隔墙，木板壁表面或涂饰油漆或施彩绘，具有较强的装饰性；新疆南疆的民居喜欢采用石膏花饰装饰夯土内墙面；广东民居喜欢用清水墙直接面对室内，以产生阴凉的效果，所谓清水墙就是砖墙外墙面砌成后，只需要勾缝，即成为成品，不需要外墙面装饰，其砌砖质量要求高，灰浆饱满，砖缝规范美观。

三、门窗

元代格子门的形制大为丰富，格子门格心图案有方胜、万字、龟背、艾叶、菱花、满天星、聚六星等，或单用或双用，组合形式也复杂多变。元代的官式建筑追求更加华丽的效果，门窗装饰十分讲究，元大都大内宫门多为朱漆版门，铺首及门钉涂金。

明代官式建筑的大门多用版门，其门环、门钉的形式和数量反映等级差异。只有皇宫门钉可用9路、5路之数，门环均用鎏金；一般房屋只能用近于黑色铁制的门钉和门环。皇宫可涂朱漆，一般人只能涂黑漆。在紫禁城的宫殿中，其外檐装修仍然使用版门、隔扇窗，内部隔间与照壁仍多用版壁，非常质朴。但在民居中，木装修更加精巧雅致，门、窗、栏杆等构件都细瘦秀挺，线脚简洁，多嵌镂空花板装饰。

清代门的形制非常丰富，可谓集历史发展的大成，大致可分为不透光的版门和透花棂格的隔扇门两大类。版门主要用于宫殿、庙宇、符第的大门，以及一般民居的外门。格子门（也称隔扇门）到清代已在全国通用。隔扇门的格心部分变化最多，宫廷多用三交六碗、双四交四碗棂花窗或古老钱等；北方民居图案较为朴实，多用直棂、豆腐块、灯笼框等；南方有万川、回纹、书条、冰纹、六角套叠、灯影和井字嵌棂花等，如图6-17所示。采用玻璃之后，图案还能随之发生变化。清代隔扇门的裙板、绦环板也是重点装饰的部位，一般皆雕刻出如意纹、夔龙纹、团花、五蝠捧寿等图案，南方还多雕刻四季花卉、人物故事等图案，如图6-18所示。

图6-17　隔扇门的格心

图6-18　清代隔扇门

清代的窗有槛窗、支摘窗、满周窗、横皮窗和花窗等。其中，槛窗位于殿堂门两侧各间的槛墙上，由格子门演变而来。满周窗又称为满洲窗，多见于广东民间，如图6-19所示。花窗是固定窗，四周设有花式窗棂，多用于园林建筑，如图6-20所示。

图6-19　满洲窗

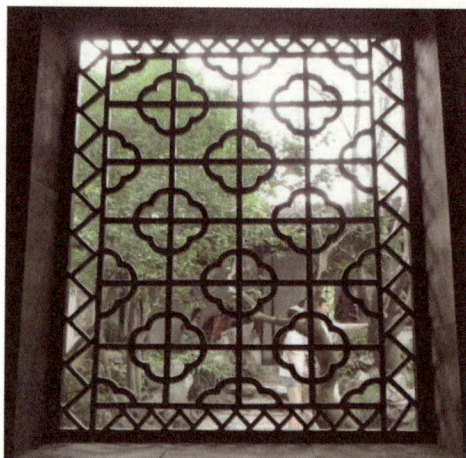

图6-20　花窗

四、顶棚

元、明时期，藻井比前代更为细致复杂，除八斗之外，藻井形制还有菱形井、圆井、方井、星状井等。清代的藻井更增添了雕饰工艺，龙凤、云气遍布井内，宫廷藻井遍贴金饰，连一般会馆、祠堂藻井中也大量用金，此外，清代藻井多不受斗拱形制的约束，大量使用单挑斜拱，形成涡流回转的螺旋井形式，如图6-21和图6-22所示。

五、室内空间的组织

碧纱橱是一种灵活的隔扇门组合，置于室内起到分隔空间的作用，满间安装，一般用6扇、

8扇等双数在进深方向排布，中间两扇设启闭功能，用于联通内外空间，并安设帘架，悬挂珠帘等，如图6-23所示。其格心多为两层，中间糊纸或纱，并在纸、纱上以书画、诗词装饰。宫廷格门上还有镶嵌宝石、螺钿等手法。

太师壁多用于南方建筑中，在堂屋后壁中央做出木雕团龙凤或木棂窗，也有做成板壁并悬挂字画，壁前设条案及八仙桌，在两侧靠墙处各开一小门以供出入，如图6-24所示。

图6-21 北京天坛祈年殿藻井

图6-22 上海木商会馆戏台螺旋式藻井

图6-23 碧纱橱

图6-24 太师壁

罩是一种示意性的室内隔断，表达了空间区域划分的意图，在实际上并无阻隔，其形式非常丰富，如落地罩、几腿罩、栏杆罩、花罩等。落地罩（见图6-25）也称为"地帐"，是在开间左右各立隔扇一道，上部设横披窗，转角处设花牙子，中间通透可行，从而起到降低室内净空宽度的作用；几腿罩（见图6-26）为开间左右各设一短柱，不落地，上部悬以木制雕刻图样，从而起到降低室内净空高度的作用；栏杆罩（见图6-27）是在开间两侧各立两柱，柱间设木栏杆，中间部分上悬几腿罩，其在视觉上的通透性更强；花罩的形制类似落地的几腿罩，整樘雕刻花板，雕刻手法自然、空透，两面成形。

博古架也称"多宝格""百宝架"，是陈列古玩珍宝的多层格式庋物架，在宫廷与大宅中往往将整开间做成博古架，起隔断的作用。当其靠墙摆放时，多兼具实用性和装饰性。当立于室中间具有隔断功能时，形式变化会更加多样，有使用两个组合，之间设门洞，两面当对称雕饰的；也有将门洞设于中间或一旁，呈圆形、方形或瓶形的。

图6-25　落地罩　　　　　　　　图6-26　几腿罩　　　　　　　　图6-27　栏杆罩

六、建筑构件装饰

元代的建筑装饰大量使用描金、贴金、鎏金手法。据记载，元大都大明殿的大殿整体装修极为奢华，殿台基边缘装有朱漆木勾阑，望柱顶装有雄鹰的鎏金铜帽；前檐外檐用红色和金色云龙方柱，下为白玉雕云龙柱础；殿身四面装加金钱的朱色琐纹窗，用鎏金饰件；殿内地板铺花斑石，上方顶棚装有用金装饰的两条盘龙藻井。寝殿四壁裱糊画有龙凤的绢，中间设有金色屏，屏后是香阁。寝殿左右的文思殿、紫檀殿室内用紫檀木及香木装饰，并镶嵌白玉片，壁面裱以画金碧山水的绢，地面铺设染为绿色的皮毛。

清代的建筑装饰丰富多彩，建筑装饰手法也更为多样，除了传统的雕刻、彩绘、油饰外，又引入了镶嵌、灰塑、嵌瓷等手法。装饰材料主要有木、砖、石、瓦、油漆、玉石、金银、铜、锡、螺、蚌、纸张、绢纱、景泰蓝、玻璃及石膏等。西洋建筑形式及西洋建筑装饰手法也开始传入，如花叶雕刻、三角或者拱形山花、西洋柱式、以及供室内陈设的玻璃灯、西洋银箱、西洋绿天鹅绒桃式盒及西洋幔子等。清代后期，建筑装饰更加追求纯艺术的表现。

明清时期，建筑木构件中变化较大的为斗拱，其用材逐渐减小，形制程式化，结构价值逐渐降低，装饰意味增强。北方建筑多简化构件形式，重视油彩涂饰表面。南方则除保留月梁造型外，主要将注意力集中在构件表面的雕饰及附件的雕刻造型上，如图6-28所示。

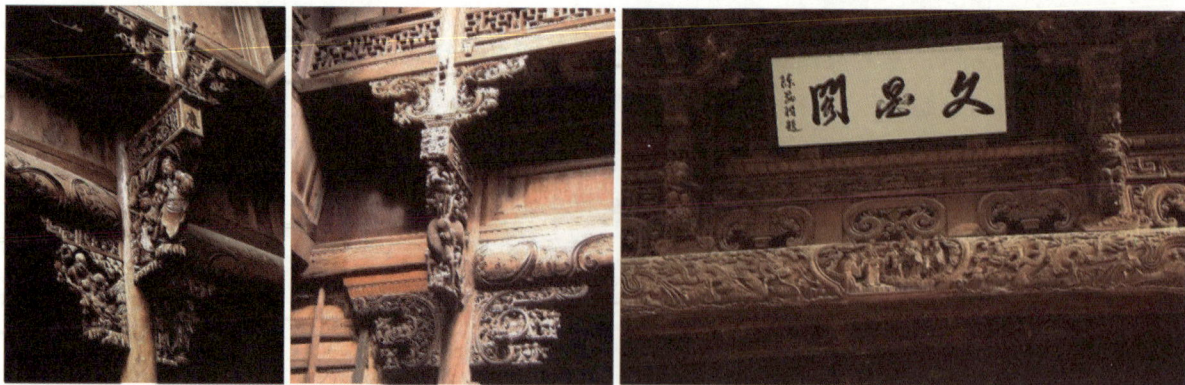

图6-28　浙江新叶村建筑月梁及廊柱雕刻

📝 **提示**

在中国北方地区的汉族木结构建筑中，多做平直的梁，而南方的做法则将梁稍加弯曲，形如月亮，故称之为月梁。月梁一般用于大住宅、大府第、大厅堂、大佛殿、大祠堂等比较大型的汉族建筑中。

📜 **拓展阅读**

陈家祠

陈家祠又名陈氏书院，1894年落成，为广东72县陈姓族人捐资合建的宗祖祠和书院。陈家祠是集岭南历代建筑艺术之大成的典型代表，是广东现存祠堂中最富有广东特色的艺术建筑群，布局严整，装饰精巧，富丽堂皇。

陈家祠既体现了中国建筑的形式，又富有广东地方工艺装饰特点，表现在建筑装饰艺术方面，该祠从上至下、从外至里，所有的堂、院、廊、厅、门、窗、栏杆、屋脊大量地运用了石雕、木雕、砖雕、陶塑、泥塑、灰塑、铁铸等加以装饰。既有镂雕于石栏杆的瓜果、花鸟、云纹，镶嵌于各处的铸铁花等纤巧小品，又有雕塑于屋脊长达27 m的巨幅泥塑。雕塑彩绘中最多的是反映劳动人民美好愿望的五谷丰登、六畜兴旺等景象，以及菠萝、荔枝、杨桃、木瓜等南方佳果。陈家祠集广东民间工艺之大成，是中国少见的一座雕塑艺术建筑，如图6-29所示。

（a）灰塑

（b）木雕

（c）砖雕

（d）石雕

图6-29 陈家祠

七、建筑彩画

元代的彩画在宋代彩画的基础上有了较大的革新，创造了梁枋彩画的箍头、盒子、藻头和枋心的格局。元代彩画在用色上也较前代有所突破，梁枋藻头多用朱色底，表层图案为青花绿叶，这在宋代彩画中很少见到。元代彩画中出现了旋子彩画的萌芽，为后世明代彩画的形成奠定了基础。

提示

将梁枋全长分为三段，中央部位为"枋心"，约占全长的三分之一，左右两端为"箍头"，"箍头"与"枋心"之间为"藻头"。

旋子彩画俗称学子、蜈蚣圈，其最大的特点是在藻头内使用了带卷涡纹的花瓣，即所谓旋子。旋子彩画最早出现于元代，明初即基本定型，清代进一步程式化，是明清时期传统建筑中运用最为广泛的彩画类型。

"盒子"是旋子彩画的纹饰造型之一。凡建筑开间较大者，在构件的两端，由两条箍头相夹的方形或长方形的区域内都画盒子。

元式五彩装彩画色调以青绿为主，藻头部位大多用朱红底，图案青绿相间，色调冷暖相间，色彩对比强烈，初具图案程式化特点，如图6-30所示。

元式碾玉装彩画以青绿二色为主色调，图案具有一定的规范性，两笔起晕，间以朱色、香色等小色调配衬，黑白二色作各部图案的轮廓线，色调清淡素雅，如图6-31所示。

图6-30　元式五彩装彩画　　　　图6-31　元式碾玉装彩画

明代彩画的施用范围扩大，彩画的名称、种类、图案、纹样、题材、设色等都逐步规范化和等级化。明代彩画主要分为两大类，一类是云龙包袱彩画，一类是旋子彩画。云龙包袱彩画用金量大，属于宫廷专用彩画。旋子彩画用金量小，可以用于宫殿以外的建筑。

提示

将梁、枋合起来作为一个整体来构图画一整幅图画，称为包袱彩画。包袱的外框为退晕的烟云、托子，内为绘画的内容，有故事、人物、风景、花鸟等。

明式烟琢墨石碾玉彩画由元代彩画演变发展而成，较元代彩画有了一整套完整的法式规矩。色调以青绿为主，除各大线及花心、菱角底沥粉贴金外，枋心内可绘制锦纹或片金龙纹，如

图6-32所示。

明式金线大点金彩画在等级上仅次于烟琢墨石碾玉彩画,其枋心多为三层退晕素枋心,主体框架全为沥粉贴金,色调以青绿为主,花心、菱角底也可点缀红、香等色。明代彩画无论等级高低一律采用退晕做法,图案轮廓不用白粉,最浅的颜色是淡青或淡绿色,如图6-33所示。

图6-32　明式烟琢墨石碾玉彩画

图6-33　明式金线大点金彩画

清代的彩画艺术水平超过了以往的任何一个朝代,是我国建筑彩画发展的顶峰。清代彩画的形式比前代更加规范化、程式化,对图案纹样的局部、工艺做法、色调搭配、题材范围和用金部位等,都有了一套严格的等级规定。清代彩画主要分三大类,第一类是和玺彩画,第二类是旋子彩画,第三类是苏式彩画。

清式和玺彩画是清代彩画的最高形式,也称宫廷彩画。金龙和玺彩画是和玺彩画的最高等级形式,各大线均沥粉贴金,青绿二色攒退,盒子、藻头、枋心均为沥粉贴金,平板枋、垫板均做龙纹片金彩画,如图6-34所示。

清式金线大点金旋子彩画是在明代彩画基础上发展成程式化的完美彩画形式,其程式化程度达到了顶峰,对图案的布局、设色题材、用金量等都有一套严格的等级规定。金线大点金彩画的所有锦纹枋心线一律采用双线沥粉贴金,并认色加晕,箍头作三退死箍头,盒子作龙草图案,藻头作烟琢墨行粉,旋花心等沥粉贴金,枋心沥粉片金龙或宋锦图案,平板枋降幕云,垫板红底吉祥草,如图6-35所示。

图6-34　清式和玺彩画

图6-35　清式金线大点金彩画

清代苏式金线包袱彩画也称园林彩画,画面题材丰富、形式多变、色彩艳丽,常用图案有回纹、万字、联珠带、卡子、包袱等,聚锦、池子等多绘有人物、山水、花鸟、鱼虫、动物等内容,如图6-36所示。

清式宋锦苏画图案以宋式锦纹为主,三廷的左右两廷除政府箍头外,全部锦纹处理,藻头中部加连个小聚锦,枋心内可绘制片金龙凤或人物、山水、翎毛、博古等,如图6-37所示。

图6-36　清代苏式金线包袱彩画

图6-37　清式宋锦苏画

课堂讨论

元、明、清时期的建筑彩画分为哪些类型？各自有何特点？

第三节　元、明、清时期的家具与陈设设计

知识目标

熟悉元、明、清时期的家具与陈设设计。

能力目标

能够对元、明、清时期的家具与陈设设计特色进行分析和总结。

素质目标

提升对元、明、清时期的家具与陈设设计的认知与审美能力。

一、家具

（一）床榻类

明清时期的床主要有架子床、拔步床和罗汉床3种。明代床榻类家具的结构及装饰讲究简明大方，发展至清代时更加追求豪华，其形体高大、注重装饰，有些架子床下面还增设抽屉。

架子床（见图6-38）因床上设有顶架而得名，一般四角安立柱，床面两侧和后面装有围栏。上端四面装横楣板，顶上有盖。床屉分两层，用棕绳和藤皮编织而成，下层为棕屉，上层为席。

拔步床（见图6-39）也称为"八步床"，是床榻类家具中最为庞大的一种。其形制大致是将架子床安放在一个木制平台上，平台前沿距床前沿2～3尺，平台四角立柱，镶木制围栏。床前两侧还可放置桌、凳等小型家具。

罗汉床（见图6-40）专指左右或后面装有围栏的一种床。它是一种坐卧两用的家具，一般在其正中放一炕几，两边铺设坐垫，放在厅堂待客。

上篇　中国部分

图6-38　架子床　　　　　　图6-39　拔步床　　　　　　　　图6-40　罗汉床

（二）桌案类

桌案类家具主要包括桌、案、几等。桌与案的形制类似，但桌的腿部与桌面成直角，而案的腿部大多缩进案面。在具体的使用中，案的规格高于桌。根据不同的用途，案主要分为书案、画案、食案和香案等。根据形式的不同，案可分为平头案、翘头案、架几案和条案等。平面案案面平直，两端无多余装饰；翘头案（见图6-41）案面上翘，多用挡板加以美化；架几案是一种分体的家具，两端用两只几将案面架起，装配灵活；条案的案面则窄长。

桌的种类繁多，有方桌、圆桌、长桌、八仙桌（见图6-42）、炕桌和棋牌桌等。

几类家具有香几、茶几和蝶几等。其中，香几（见图6-43）用于供奉或祭祀时置炉焚香，也可陈设花盆；蝶几又名"七巧桌"，是根据七巧板的形状制成。

图6-41　翘头案　　　　　　　　图6-42　八仙桌　　　　图6-43　香几

（三）椅凳类

明清时期的椅子种类十分丰富，有靠背椅、扶手椅、官帽椅、玫瑰椅、太师椅等。

靠背椅和扶手椅是明清椅类家具的主要品种，凡是没有扶手的椅子均称为靠背椅。靠背椅（见图6-44）的基本形式是由一根搭脑（靠背横梁）和两侧两根连脚立材相接形成靠背，居中为靠背板。由于搭脑与靠背的不同变化，靠背椅又演化出许多样式，例如，搭脑两端不出挑的称为一统碑椅；搭脑两端挑出的称为灯挂椅；靠背由多根立档组成，形似梳子的，称为梳背椅。

官帽椅是一种带有扶手的灯挂椅，其又分为四出头官帽椅、普通官帽椅、高扶手官帽椅等。玫瑰椅（见图6-45）是扶手椅中比较轻便的品类，南方称其为"文椅"。其靠背较低，靠背无侧脚，直立于座面，靠背部分大都进行了精美的装饰。

上篇　中国部分

图6-44 靠背椅   图6-45 玫瑰椅

　　太师椅（见图6-46）是清代特有的样式，其体态宽大，靠背与扶手连成一片，形成3扇、5扇不等的围屏形式。清代的太师椅用材肥大、雕刻繁多，追求厚重华丽、雍容典雅的效果。

　　明清两代的凳子分为有束腰和无束腰两类。有束腰的，座面下有一道缩进面沿的腰部，方腿多见，且多用鼓腿膨牙内翻马蹄或三弯腿外翻马蹄（见图6-47）；无束腰的，腿部直接承托座面，面下用牙条或横枨，腿足多用圆形直腿。

图6-46 太师椅   图6-47 三弯腿外翻马蹄凳

提示

　　鼓腿膨牙指家具的腿部从束腰处膨出，然后向后内收，顺势做成弧形，足部多做内翻马蹄形。

　　三弯腿，又称外翻马蹄腿，即整个脚型成S形弯曲，由腿部从束腰处向外膨出，然后再向内收，收到下端，又向外兜转，形成三道弯，以形取名为"三弯腿"。

　　牙条即牙子，是明清时代汉族家具部件名称，一般指面框下设置的连接两腿之间的部件。对于有束腰的家具，牙条是束腰以下部位的主要连接部件。

上篇 中国部分

（四）柜橱类

柜的形体较大，有两扇对开门，柜内装隔板，有的还装抽屉。橱的形体类似于案与矮柜的结合体，明代的橱一般在上面设抽屉，抽屉下设闷仓，将抽屉拉出后，闷仓内也可存放物品。明清时期的柜橱主要有顶竖柜、圆角柜、橱柜等。

顶竖柜是在一个两开门立柜的顶上再叠放一个两门顶柜的组合柜，顶柜与底柜之间通过子口吻合在一起，又称四件柜。顶竖柜是明清两代较为常见的一种柜橱形式，可以并排陈设，也可以左右相对陈设。清代的四件柜以紫檀木居多，且装饰华丽，多在柜门上浮雕或镶嵌各种纹饰，如图6-48所示。

圆角柜多用圆料，柜子的四框和腿足各用一根圆木做成，两门或者四门，如图6-49所示。

橱柜是一种兼有橱、柜、桌3种功能的家具，一般形体不大，高度相当于桌案，柜下安有抽屉，抽屉下安装两扇对开柜门，柜内空间分为上下两层，在明清两代的宫廷中应用非常普遍，如图6-50所示。

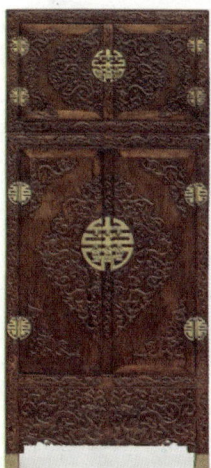

| 图6-48 顶竖柜 | 图6-49 圆角柜 | 图6-50 橱柜 |

（五）台架类

台架类家具主要有衣架（见图6-51）、盆架（见图6-52）、镜架、烛台等。明代衣架下部是木墩座，上为立柱与搭脑，中部大多附精美的雕饰花板。盆架分为高盆架和矮盆架，高盆架多为6腿，上端搭脑两端出头，中间有花牌装饰；矮盆架则朴素大方，有3、4、6腿之分。镜台是支架镜子所用的家具。

（六）屏风类

明清屏风分为落地屏风和带座屏风两大类。

落地屏风（见图6-53）即多扇折叠屏风，也叫软屏风。其扇多为偶数，有两扇至数十扇不等。扇框多为木制，屏心或纸或绢，上有书法、绘画装饰，扇以合页连接。

带座屏风（见图6-54）也叫硬屏风，屏面多为单数，屏面之间用走马销连接。屏座多用双座墩，墩上有立柱，两边设站牙。屏顶大多雕花，豪华的还采用嵌石、嵌玉、彩漆、雕漆等工艺装饰。

上篇 中国部分

图6-51 衣架

图6-52 盆架

图6-53 落地屏风

图6-54 带座屏风

二、室内陈设

（一）陶瓷

　　元代的瓷器有青花、釉里红、红釉和蓝釉等，其中以青花最为著名。元代的青花瓷器质地呈豆青色，其上以蓝色绘制人物、动物和花卉，如图6-55所示。青花瓷的出现，在中国陶瓷史上具有划时代的意义。

　　明代瓷器的主要瓷种为白瓷，主要装饰手法为青花、五彩画花，主要产地为景德镇，如图6-56所示。官窑瓷器以永乐、宣乐、成化、正德、嘉靖、万历6个时期的最著名。宣乐瓷器首推青花，色釉中以霁红最为名贵。成化时的瓷器以青花加彩最盛行。嘉靖、万历年间，最成熟的是五彩瓷。

　　清代制瓷中心仍是景德镇。清代主要瓷种为青花、釉里红、红蓝绿等色釉和各种釉上彩，如图6-57所示。陶瓷制品包括食器、盛器、瓶、花觚、花盆、陶瓷文具（如水盂、笔筒、笔架），还有一些瓜果、动物像生瓷和陶瓷雕塑。

图6-55　元代的青花瓷　　　图6-56　明代五彩瓷器　　　图6-57　清代青花釉里红茶壶

（二）金属制品

蒙古族酷爱金银器，宫廷用的金银酒器、碗、盘、瓮等，制造精美，极其奇异。

明代的金属制品中，最著名的是宣德炉和景泰蓝。宣德炉（见图6-58）是明王室为祭祀和玩赏需要，用从南洋得到的风磨铜铸造的一批小铜器，因其多为香炉，故以"炉"命名。现有宣德炉分为两类，一类是不加装饰花纹的素炉，一类是经过镂刻鎏金等工艺加工的。

景泰蓝（见图6-59）是对铜胎掐丝珐琅的俗称。明代景泰蓝器物有盒、花插、蜡台和脸盆等。清代景泰蓝在继承明代传统的基础上又有新创造。从品种上看，清代的景泰蓝有炉、瓶、薰、筒、烟壶等。清代景泰蓝的色彩也与明代不同，除传统蓝底外，还有白底和绿底的。

图6-58　宣德炉　　　　　　　　图6-59　景泰蓝瓶

（三）书法与绘画

书法是中国传统艺术中历史悠久又极具特色的一个门类，它能够以内容为人们提供信息，又能以形式供人欣赏，因此，一直是室内环境装饰中一个不可或缺的部分。

用于室内的书法从内容上看，有诗词、文、赋等；从陈设形式看，有屏刻、楹联、匾额及与挂画相似的"字画"等。对联的作用与匾额相似，都在于发掘和阐述环境的意境。室内的对联有3种展现方式，即当门、抱柱和补壁，在这3种方式中，抱柱是使用最多的，如图6-60所示。

图6-60　苏州网师园万卷堂中的匾额和楹联

明清时期的绘画，既流行于宫廷，也涉足于民宅，在室内挂画的做法也随之盛行。此外，明清时期，年画得到了发展，年画的题材有故事戏文、风土人情、男耕女织、风景花鸟等，大多寓意吉祥。就产量多、影响大、风格鲜明而言，以天津的杨柳青、苏州的桃花坞和山东潍坊的杨家埠年画（见图6-61）最为著名。

图6-61　杨家埠年画

（四）挂屏与座屏

明代末期出现了一种悬挂于墙面的挂屏。挂屏的芯部有方有圆，它们均被镶嵌在一块木板上，四周则为一个优质木材制作的边框。芯部可用多种材料制成，但使用最多的是纹理精美的云石，它们使人联想到自然界中的山水、云雾、朝霞、落日等。挂屏大都成对布置，它们可以布置在厅堂的正中，也可以挂在中堂的两侧，如图6-62所示。

座屏本是一种家具，明清时期，有人出于欣赏的目的将其缩小，置于炕上或桌案上，便出现了专供欣赏的炕屏与桌屏（见图6-63）。

图6-62 云石挂屏

图6-63 桌屏

课后实践

参观本市博物馆，也可借助博物馆官网和数字博物馆，搜集明代家具的相关资料，分析、总结明代家具的艺术特色，并以PPT的形式进行展示。

思 考 题

1．元、明、清时期的宫室建筑风格有哪些特点？其演变趋势是什么？
2．元、明、清时期的室内设计特色有哪些？室内家具和室内陈设设计特色有哪些？

第七章

中国近现代室内设计

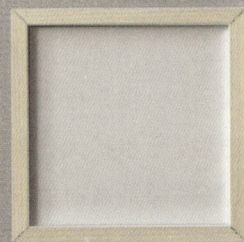

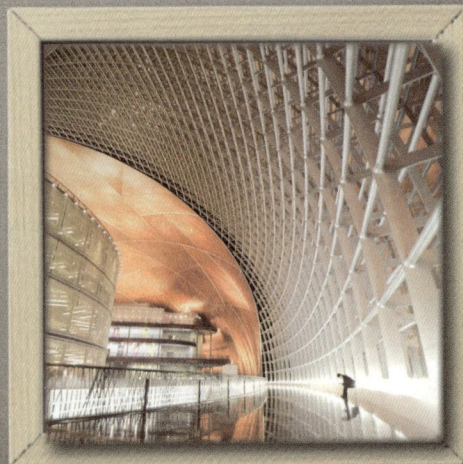

1840年后，帝国主义列强纷纷入侵中国，他们在不少城市设租界，外国商人、传教士乘机进入中国，一些大中城市出现了西式的建筑。后来，一批中国建筑师从欧美留学回国，于是中国便出现了传统建筑与现代建筑、中式建筑与西式建筑并存的局面。

新中国的成立为现代室内设计的形成与发展提供了充分的条件。由于室内设计的发展水平与政治、经济、文化、科技及人民的生活方式密切相关，其发展在表现出一定的连续性的同时，也表现出了阶段性。

第一节　近代建筑与室内空间的发展

知识目标

熟悉近代建筑与室内空间的发展。

能力目标

能够总结出近代建筑与室内空间的发展特色。

素质目标

提高对近代建筑与室内空间发展的认知与审美能力。

一、典型建筑空间设计

鸦片战争后，外国资本主义的渗入引起了中国社会阶级和社会生活各方面的变化。一些租界和外国人居留地形成了新城区，这些新城区内出现了早期的外国领事馆、洋行、银行、商店、教堂、饭店、俱乐部及花园洋房等。19世纪90年代前后，租界和租借地城市的建筑活动大为频繁，建筑规模逐步扩大，新建筑的设计水平明显提高。1923年的上海汇丰银行、天津劝业场、上海沙逊大厦等都是当时的典型代表。

其中，由英商公和洋行设计的上海汇丰银行（见图7-1和图7-2）总建筑面积32 000 m²，中部有贯穿二至四层的仿古罗马科林斯双柱，顶部为钢结构穹隆。营业大厅采用爱奥尼柱廊、拱形玻璃顶。地面和墙面均采用大理石铺贴，显得富丽堂皇。

在西式建筑进入中国的同时，一些中外建筑师也积极探索设计具有中国传统特色的建筑。南京的中山陵、广州的中山纪念堂、北京协和医院等，都是此时的代表建筑。

1925年，南京中山陵（见图7-3和图7-4）悬奖征求设计方案。其竞赛条例明确指出："祭堂图案须采用中国式，而含有特殊与纪念之性质者，或根据中国建筑精神特创新格亦可。"中山陵最终选用了吕彦直的方案，主体祭堂平面近方形，四角各有一个小室。以黑色花岗石贴柱，黑色大理石护墙，衬托着中部白石的孙中山坐像，营造了一种宁静、肃穆的氛围。

图7-1 上海汇丰银行大厦建筑外观

图7-2 上海汇丰银行大厦建筑内部

图7-3 中山陵全貌

图7-4 中山陵祭堂内部

二、民居

(一)碉楼

碉楼兼具防御和居住功能,是在建筑技术进步的情况下修建的跨度较大、坚固性较强的单体建筑。开平碉楼(见图7-5)是海外华侨、华人主动接受西方建筑的符号又成功地将其嫁接到中国建筑的典型实例,是海外华侨、华人接受西方价值观和现代生活方式的表现,也体现了侨乡居民具有开放包容和兼收并蓄的习俗。开平碉楼是多层居住建筑,有些碉楼达到七八层,高耸的碉楼除满足实用要求外,还有炫耀财富的意义。

图7-5 开平碉楼

从平面形式看，碉楼的平面与当地传统的"三间两廊"式民居具有明显的渊源。传统的"三间两廊"式民居（见图7-6）属三合院住宅，其正房为三开间，中间一间是厅堂，一般用作供奉祖先；两侧是次间，一般为卧室；厅堂前有小天井，天井两侧为"廊"或"厢房"，用作厨房或储物间。开平早期碉楼平面延续"三间两廊"式格局，只是墙壁更厚，四角多了落地式塔楼，并在塔楼的二三层设置射击孔。而近代的碉楼则墙体较薄，居住面积更大，更加切合现代生活方式的要求。

（二）骑楼

骑楼原是殖民地券廊式建筑，作为一种城市的街屋形式，首先出现在新加坡、中国香港等原英属殖民地，主要分布在广东、福建等地。

骑楼（见图7-7）建筑多用线形布置，其最显著的特点是前铺后宅、下铺上宅、商住合一。骑楼一般是钢筋混凝土框架结构，也有砖石结构的，其开间都不大，一般为3～5 m，但进深很深，有的甚至达到20 m，层高为3.5～4 m，因此很适合"前店后坊"的小商品生产和销售的方式。

上篇 中国部分

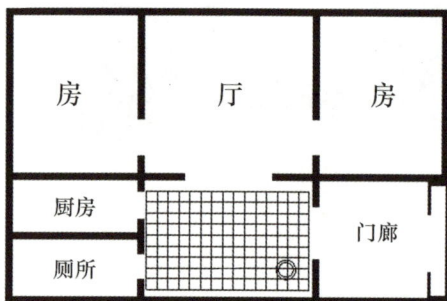

图7-6 "三间两廊"式民居平面图

图7-7 骑楼

骑楼通常并排在街道的一侧或两侧，每家店铺只占一个或两个开间，少数占据多个开间。骑楼多为两层和三层，少数为四、五层。一般一层前部为商铺，后部为厨房、卫生间、作坊或院落。二层以上为住宅的起居室、卧室及卫生间。楼梯大多位居骑楼中间，有的还设有小天井。

拓 展 阅 读

石库门里弄

石库门里弄（见图7-8）是盛行于近代上海的新型居住建筑。早期的石库门里弄，其形式属于传统中国民居，但联排式布局则与欧洲的做法相似。

石库门里弄的形式源于我国传统的三合院。前面有天井，往里是客堂间，其后是楼梯、二天井和厨房。其大多为两层，少数为三层。石库门里弄的标准平面是单开间的，若是两开间的，则一侧有厢房，若为三开间的，则天井两侧有厢房。单开间的平面布局也有很多变化，如楼梯和二天井位置不同。石库门是石库门里弄较有特色的部分，其造型多为西洋式。

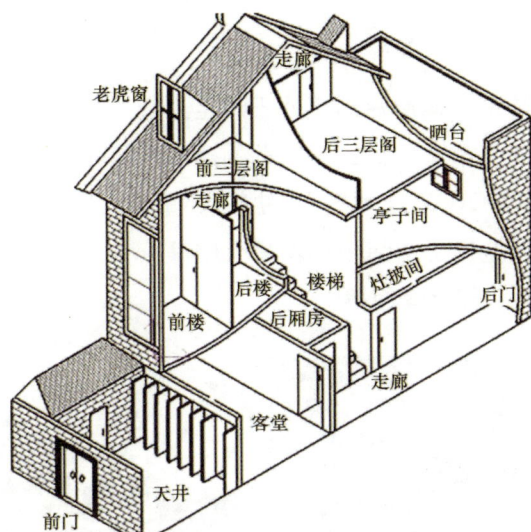

图7-8　石库门里弄

课 堂 讨 论

图7-9所示的是哪一种建筑形式？说说自己对这种建筑形式特点的认识。

图7-9　泮文楼

第二节　现代建筑与室内空间的发展

知识目标

熟悉现代建筑与室内空间的发展。

能力目标

能够总结出现代建筑与室内空间的发展特点。

素质目标

提升对现代建筑与室内空间发展特点的认知与审美能力。

一、发展概况

新中国成立之初，百业待兴，建造活动还处于满足人们的基本生活需要的层次上，因而建筑和室内设计多以满足功能需求为第一位。这一时期的建筑风格大体分为三类：一是具有民族特色的，如北京友谊宾馆（见图7-10）、乌鲁木齐人民剧院、重庆人民大会堂（见图7-11）等；二是苏联建筑形式的，如北京苏联展览馆、上海中苏友好大厦等；三是建筑形式现代化，着重强调实用功能的，如北京儿童医院、北京和平宾馆等。

图7-10　北京友谊宾馆

图7-11　重庆人民大会堂

1958年，为庆祝建国10周年，国家决定在北京兴建人民大会堂、中国革命和中国历史博物馆（现合并为中国国家博物馆，见图7-12）、中国人民革命军事博物馆（见图7-13）、全国农业展览馆、北京火车站和北京民族饭店等"十大建筑"。"十大建筑"全面反映了我国当时建筑设计和室内设计的高水平，在立意上突出表现了新中国成立的伟大意义，在形式创造上借鉴传统的设计方法，具有明显的民族性。

图7-12　中国革命和中国历史博物馆（现国家博物馆）

图7-13　中国人民革命军事博物馆

1978年12月，党的十一届三中全会胜利召开。思想的解放、需求的增加，为室内设计和装修的发展创造了良好的条件。20世纪80年代，建筑设计及室内设计风格大致表现为两个方面，一是侧重体现现代感，二是侧重体现民族性和地域性，如白天鹅宾馆、香山饭店等。

20世纪90年代的室内设计风格更加多样化，设计水平也逐渐得到提高。这主要是由于改革开放开阔了人们的视野，使得人们有更多的机会接受大量信息，国外的设计思想、方法和作品也被不断介绍到国内。

二、典型建筑空间设计

（一）人民大会堂

人民大会堂位于北京市中心天安门广场西侧，西长安街南侧。人民大会堂建筑平面呈"山"字形，两翼略低，中部稍高，四面开门。其主要由3部分组成：进门是简洁典雅的中央大厅，厅后是宽76 m、深60 m的万人大会堂；大会场北翼是有5 000个席位的大宴会厅；南翼是全国人大常务委员会办公楼。大会堂内还有以全国各省、直辖市、自治区名称命名、富有地方特色的厅堂。

其中，万人大礼堂（见图7-14）南北宽76 m，东西进深60 m，高33 m，位于大会堂中心区域。其为穹窿顶、大跨度、无立柱结构，3层座椅，层层梯升。礼堂平面呈扇面形，坐在任何一个位置均可看到主席台。主席台台面宽32 m，高18 m。礼堂顶棚呈穹窿形与墙壁圆曲相接，体现出水天一色的设计思想。顶部中央是红宝石般的巨大红色五角星灯，周围有镏金的70道光芒线和40个葵花瓣，三环水波式暗灯槽，一环大于一环，与顶棚500盏满天星灯交相辉映。

人民大会堂三楼中央大厅，也叫"金色大厅"（见图7-15）。"金色大厅"层高14.5 m，分为两层，总面积有3 300 m^2，一层有20根十多米高的朱红漆金的石柱，柱子上面金色的运用增添了几分璀璨，这些柱子支撑起一片富丽堂皇的天花藻井。穹顶上5盏巨大的金色吊灯，更给大厅增添了几分辉煌气氛。厅内雕梁画栋，挑檐飞角，尽显中国建筑的尊贵典雅。

图7-14　万人大礼堂

图7-15　人民大会堂金色大厅

（二）香山饭店

香山饭店（见图7-16和图7-17）是由国际著名美籍华裔建筑设计师贝聿铭先生主持设计的一座融中国古典建筑艺术、园林艺术、环境艺术为一体的四星级酒店。饭店位于北京西山风景区的香山公园内，整座饭店凭借山势而建，高低错落，蜿蜒曲折，院落相间，内有十八景观、山石、湖水、花草、树木与白墙灰瓦式的主体建筑相映成趣。

图 7-16　香山饭店外观

图 7-17　香山饭店四季厅

　　贝聿铭大胆地重复使用两种最简单的几何图形——正方形和圆形，大门、窗、空窗、漏窗、窗两侧和漏窗的花格，墙面上的砖饰、壁灯、宫灯都是正方形，连道路脚灯的楼梯栏杆灯都是正立方体，又巧妙地与圆组合在一起，圆则用在月洞门、灯具、茶几、宴会厅前廊墙面装饰，南北立面上的漏窗也是由4个圆相交构成的，这种处理手法展现了重复之上的韵律和丰富。

（三）白天鹅宾馆

　　白天鹅宾馆（见图 7-18 和图 7-19）坐落于广州闹市中的"世外桃源"——广州城风光最为美丽的沙面白鹅潭，是中国第一家中外合作的五星级宾馆，被誉为印证改革开放成功的典范。

　　白天鹅宾馆由莫伯治、佘畯南等一代岭南建筑大师设计而成，是在现代岭南建筑中将外来建筑形式与中国传统建筑文化相结合的一个成功作品。白天鹅宾馆的设计继承了中国传统园林与岭南传统园林设计的精华，中庭以壁山瀑布为主景的焦点，形成别有洞天的岭南风情，整体有历史气息与文化内涵融入建筑空间的功能。

图 7-18　白天鹅宾馆外观

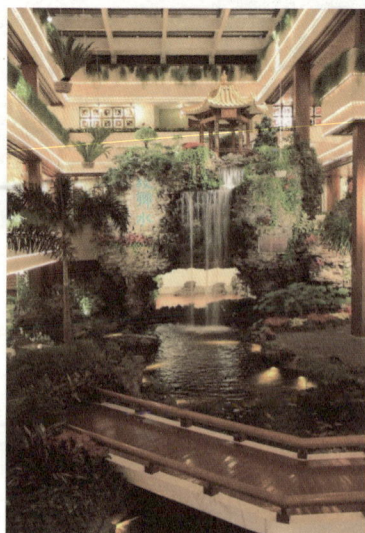

图 7-19　白天鹅宾馆中庭

图 7-20 所示为钓鱼台国宾馆的建筑外观及室内设计，说说你对其建筑形式和室内设计特点的认识。

图 7-20　钓鱼台国宾馆

（四）金茂大厦

金茂大厦（见图 7-21）竣工于 1999 年，位于上海浦东新区黄浦江畔的陆家嘴金融贸易区。其楼高 420.5 m，有地上 88 层，地下 3 层，是集现代化办公楼、五星级酒店、会展中心、娱乐、商场等设施于一体，融汇中国塔型风格与西方建筑技术的多功能型摩天大楼。金茂大厦第 53 至第 87 层为酒店中庭，高达 152 m，直径 27 m，环绕中庭为金茂君悦大酒店，如图 7-22 所示。

图 7-21　金茂大厦夜景

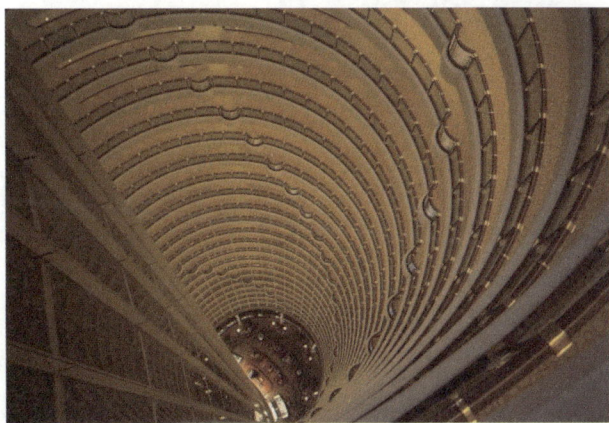

图 7-22　金茂君悦大酒店中庭

（五）国家大剧院

国家大剧院（见图 7-23 和图 7-24）位于北京天安门广场西侧，2007 年建成开业。国家大剧院外部为钢结构壳体，呈半椭球形，平面投影东西方向长轴长度为 212.2 m，南北方向短轴长度为 143.64 m，建筑物高度为 46.285 m，比人民

大会堂略低3.32 m，基础最深部分达到﹣32.5 m，有10层楼那么高。大剧院壳体由18 000多块钛金属板拼接而成，面积超过30 000 m²，18 000多块钛金属板中，只有4块形状完全一样。钛金属板经过特殊氧化处理，其表面金属光泽极具质感，且可保持15年不变颜色。中部为渐开式玻璃幕墙，由1 200多块超白玻璃巧妙拼接而成。椭球壳体外环绕人工湖，湖面面积达35 500 m²，各种通道和入口都设在水面下。

图7-23 国家大剧院内部空间

图7-24 国家大剧院歌剧院

（六）上海环球金融中心

上海环球金融中心（见图7-25）比邻金茂大厦，其楼高492 m，地上101层，是一幢以办公为主，集商贸、宾馆、观光等设施于一体的综合型大厦，于2008年竣工。建筑的主体是一个正方形柱体，由两个巨型拱形斜面逐渐向上缩窄于顶端交会而成，为减轻风阻，在原设计中建筑物的顶端设有一个巨型的环状圆形风洞开口，借鉴了中国庭园建筑的"月门"，后来将大楼顶部风洞由圆形改为倒梯形。位于大楼100层的是一条长约55 m的悬空观光长廊，也称观光天阁，如图7-26所示。

图7-25 上海环球金融中心

图7-26 悬空观光长廊

（七）上海中心大厦

上海中心大厦（见图7-27和图7-28）是一座超高层地标式摩天大楼，其设计高度超过附近的上海环球金融中心。上海中心大厦项目面积433 954 m²，建筑主体为118层，总高为632 m，结构高度为 580 m。上海中心大厦建筑外观呈螺旋式上升，建筑表面的开口由底部旋转贯穿至顶部城市天际线。从顶部看，上海中心大厦的外形好似一个吉他拨片，随着高度的升高，每层扭曲近 1 度。这种设计能够延缓风流。

图 7-27 上海中心大厦外观

图 7-28 上海中心大厦内部空间

上海中心大厦有两个玻璃正面，一内一外，主体形状为内圆外三角。形象地说，就是一个管子外面套着另一个管子。玻璃正面之间的空间在 90 cm 到 10 m 之间，为空中大厅提供空间，同时充当一个类似热水瓶的隔热层的作用，降低整座大楼的供暖和冷气需求。降低摩天楼的能耗不仅有利于保护环境，同时也让这种大型建筑项目更具有经济可行性。

（八）1933 老场坊

在 20 世纪中期，伴随着第三产业的迅速崛起和产业结构的重大调整，大片产业历史建筑被闲置。现在，人们也开始关注旧建筑的保护与利用。1933 老场坊原来是上海工部局宰牲场，建成的改成创意产业集聚区后继承了原有的结构体系和空间关系，整幢建筑风格朴实无华、大气而不张扬。建筑外方内圆的基本结构暗合了中国风水学说中"天圆地方"的传统理念。"无梁楼盖""伞形柱""廊桥""旋梯"和"牛道"等众多特色风格建筑融会贯通，光影和空间的无穷变幻呈现出一个独一无二的建筑奇葩，如图 7-29、图 7-30 所示。

图 7-29 1933 老场坊室内（1）

图 7-30 1933 老场坊室内（2）

拓 展 阅 读

上海工部局宰牲场

上海工部局宰牲场由英国设计师巴尔弗斯设计，全部采用英国进口的混凝土结构，墙体厚约50 cm，两层墙壁中间采用中空形式。在缺乏先进技术的20世纪30年代，其巧妙地利用物理原理实现温度控制，即使在炎热的夏天依然可以保持较低的温度，可见当时设计这栋建筑的前瞻性和先进性。

课后实践

上网查找资料，搜集现中国近现代建筑及室内设计的相关图片和文字信息，说说你对近现代建筑及室内设计特色的认识，并以PPT的形式展示。

思 考 题

1．近现代我国建筑空间及室内设计发展状况如何？我国近现代的民居建筑得到了哪些发展？

2．近现代出现了哪些典型的建筑空间及室内设计作品？它们各自具有哪些特色？

下篇 外国部分

第八章

原始社会及早期文明时代的
建筑及其装饰

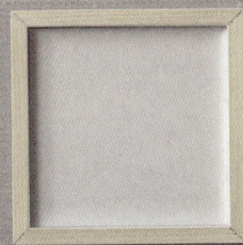

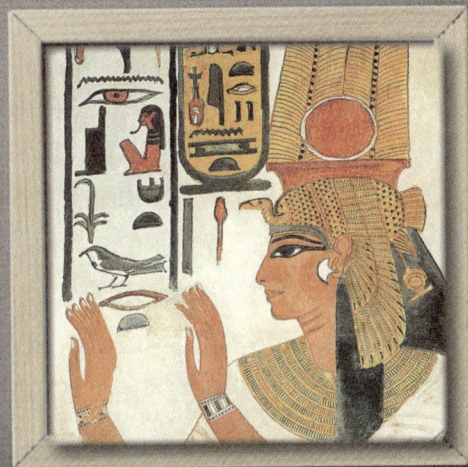

远古时期，在生产力尚未发展到具备建造房屋的能力之前，洞穴就成为人们居住的理想选择。天然洞穴冬暖夏凉，能为人们提供躲避恶劣的自然侵袭，以及繁衍生息的安身之所。洞穴不仅是人类居住环境进化过程中的过渡居所，也是远古时期的人们举行仪式或记录、展现生活场景的场所。

第一节　旧石器时期的建筑及装饰风格

知识目标

了解旧石器时期的建筑及装饰风格。

能力目标

能够对旧石器时期的建筑及装饰风格特色进行分析和总结。

素质目标

提升对旧石器时期的建筑及装饰风格的认知与审美能力。

一、部落文化

图8-1　棚屋

人类建造最早遮蔽所的线索出现在法国南部的特拉阿马塔。生活在距今40万年前的原始人多以狩猎和采集果实为生，而且经常需要迁徙，因此，方便搭建的棚屋应运而生，这些棚屋以树枝建造的茅屋为形制。人们利用最易获取的丛林资源，将树木枝干的顶端扎结，然后在树干表面编结其他植物的茎秆或小树枝，围合成一个可以居住的空间，如图8-1所示。

今天，很多封闭部落还保持着原始的部落生活方式，如非洲村落、撒哈拉沙漠地区的居民、印第安人、爱斯基摩人，以及澳大利亚的土著居民等。

二、穴居生活

当人类开始了穴居生活，也就有了内环境装饰的雏形。旧石器时代晚期开始出现洞穴壁画、岩画和雕刻等艺术形式。在法国南部和西班牙北部一带，考古学家发现了大量的原始社会的天然洞窟遗存，其中最为著名的是法国的拉斯科洞窟和西班牙的阿尔塔米拉洞窟。

拉斯科洞窟（见图8-2）由主厅、后厅和边厅，以及连接各部分的洞道组成，主厅和两个通道的壁画和顶部绘制了大量的野牛、驯鹿和野马等，这些动物先是用粗壮、简练的黑线勾画出轮廓，再用红、黑、褐等颜色渲染出动物的体积和结构，充满了粗犷的原始气息和野性的生命力。

阿尔塔米拉洞窟（见图8-3）发现于19世纪下半期，制作年代稍晚于拉斯科洞窟。它包括主洞和侧洞。洞内有史前人睡觉的地方及烧烤食物、生火取暖的石灶，灶底余烬痕迹清晰可辨。洞顶和洞壁多是简单风景草图和分散的动物画像，如野牛、野马、野猪、猛犸、山羊、赤鹿等，多以写实、粗犷和重彩手法刻画原始人熟悉的动物形象。壁画颜料取于矿物质、炭灰、动物血和土壤，掺和动物油脂，以红、黑、紫为主，色彩浓重，艳丽夺目，达到史前艺术高峰，具有很高的历史和艺术价值。

图8-2　拉斯科洞窟壁画

图8-3　阿尔塔米拉洞窟壁画

知 识 链 接

"史前卢浮宫"——拉斯科洞窟壁画

1940年，法国西南部道尔多尼州乡村的4个少年，带着一条名叫Robot的狗在追捉野兔的过程中，无意中发现了一个巨大的史前艺术殿堂，这就是后来被称为"史前卢浮宫"的拉斯科洞窟壁画。

壁画中描绘的动物大多是一万多年前的大型史前动物，现在已不复存在。从某种程度上说，拉科斯洞窟壁画像是古生物学上的艺术活化石，描绘了当时人类与史前动物的互动，对研究人类史前文化和史前动物具有极高的价值，如图8-4、图8-5所示。

图8-4　拉斯科洞窟壁画1

图8-5　拉斯科洞窟壁画2

壁画多数是以简约清丽的线条表达为主，但线条之流畅、动物神态之生动，令人回味不已。在技巧上，拉斯科壁画中有些是画家用手直接将颜料涂在石壁上，有些却是用管子把颜料吹到石壁上，手法多样，很有创意。

下篇　外国部分

课堂讨论

从拉斯科洞窟的壁画中，你能够获得哪些室内设计元素和灵感？

第二节　新石器及早期文明时代的建筑及装饰风格

知识目标

熟悉新石器及早期文明时代的建筑及装饰风格。

能力目标

能说出新石器及早期文明时代的建筑及装饰风格特色。

素质目标

培养对新石器及早期文明时代的建筑及装饰风格的认知与审美能力。

一、巨石文化

巨石建筑是新石器时代最为突出的文化形式。从世界范围看，欧洲西部是"巨石文化"出现较早并且分布较为集中的地区。欧洲早期的巨石遗存主要分布于西班牙和葡萄牙的南部，同时还在这一地区发现有当地最早的筑有堡垒的村庄，它们属于带有城市文化特点的居住遗址。公元前2 000多年，巨石文化沿大西洋海岸向北传播到欧洲北部的英伦诸岛和丹麦、比利时、德国北部及意大利等地区，这一时期的巨石建筑主要有独立巨石、石阵和石圈等，其中最为著名的环状列石类建筑可以英国索尔兹伯里平原的巨石阵为代表，它们是与天象测时和原始宗教崇拜有关的祭祀性巨石建筑，如图8-6所示。

图8-6　英国索尔兹伯里平原的巨石阵

石阵的主体是由一根根巨大的石柱排列成几个完整的同心圆。石阵的外围是直径约90 m的环形土岗和沟。沟是在天然的石灰土壤里挖出来的，挖出的土方正好作为土岗的材料。紧靠土岗的内侧由56个等距离的坑构成又一个圆，坑用灰土填满，里面还夹杂着人类的骨灰。巨石阵最壮观的部分是石阵中心的砂岩阵。它是由30根石柱上架着横梁，彼此之间用榫头、榫根相连，形成一个封闭的圆阵。

二、古埃及的陵寝与神庙

古埃及是在神权思想基础上发展其社会上层建筑的，神权具有至高无上的力量。古埃及信奉君权神授，法老被视为太阳神的儿子。古埃及人还相信灵魂不死，逝者可得"永生"。所以，在古埃及的建筑体系里，以陵寝与神庙的修筑为代表。

古埃及王朝建立于公元前3100年左右，经历了古朴时期、古王国时期、中王国时期和新王国时期及晚期。古王国时期，法老陵寝多为平顶的石墓室形式，以及在此基础上发展起来的金字塔。中王国时期，法老陵墓逐渐演变为石窟墓形式，并逐渐形成了从里向外层层递进的中轴对称式的建筑空间形式，以门图霍特普陵墓为代表。新王国时期，法老开始选择在尼罗河西岸险峻的岩壁上开凿陵墓，建筑内部包括前厅、中厅和墓室3个部分，各个部分之间通过长长的廊道连接，以图坦卡蒙墓为代表。

新王国时期是神庙建筑的繁荣期，也形成了比较固定的格局，即在中轴对称的基本布局基础上，由庙前广场、塔门、柱廊院、大柱厅及圣堂等主要建筑顺序排列构成一个狭长平面的封闭式建筑群。古埃及此时也形成了最古老的柱式，其由柱础、柱身和柱头三部分组成，石柱大多比例粗壮，通体阴刻浮雕。位于底比斯近郊卡纳卡地区的阿蒙神庙多柱厅内使用了134根巨型石柱，石柱等距排成16列，厅中巨石纵横堆叠，气势恢宏，如图8-7所示。

壁画在古埃及的室内装饰中得到了普遍应用。壁画以满铺方式制作于房间的墙壁及顶棚，包括在灰泥基底上绘画及在石质基底上阴刻浅浮雕。壁画中的人物造型遵循"正面律法则"，即面部呈侧面，显示人物的额、鼻、唇的侧影，眼睛做正面描绘，胸部为正面，显示出双肩与双臂，而腿和脚为侧面描绘。画面用色也具有一定的象征性，阿蒙神用蓝色，因为蓝色是最高贵的颜色。男性皮肤用棕红色，而女性皮肤用黄色，如图8-8所示。

图8-7　阿蒙神庙多柱厅

古埃及的室内家具有坐具、床、箱子和小型桌台，多为木制。坐面和床面一般以皮条拉制，或以苇草、灯芯草编制。家具的装饰也十分讲究，主要采用绘画、雕刻、镶嵌和拼贴等装饰手法。与此同时，社会礼仪也在家具设计中得到反映，例如，依社会地位的高低，坐具有宝座、扶手椅、靠背椅和凳之分。宝座作为权力的象征，通常以贵重材料加工制作而成，工艺精美，如图8-9所示。

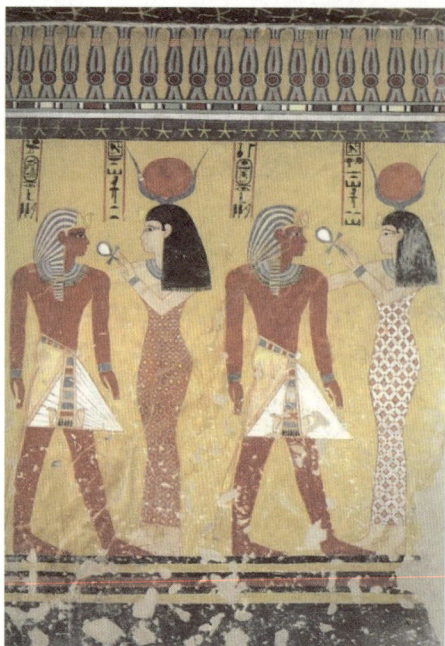

图8-8　古埃及壁画

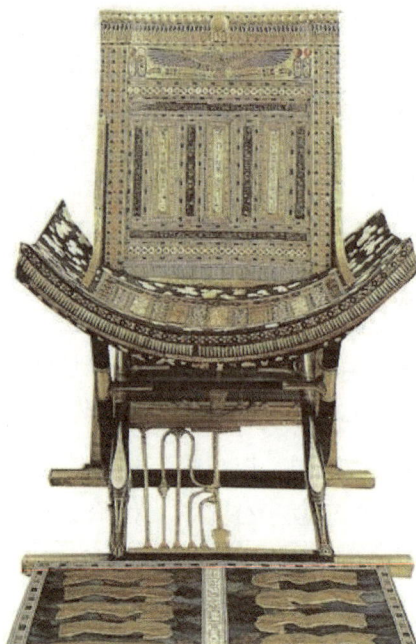

图8-9　古埃及室内家具

课后实践

上网查找资料，搜集古埃及壁画图片，分析、总结它们有哪些特征。

思 考 题

1．旧石器时期的建筑及装饰风格有哪些特点？其演变趋势是什么？

2．新石器及早期文明时代的建筑及装饰风格有哪些特点？其演变趋势是什么？

古希腊与古罗马时期的室内设计

古希腊和古罗马时期的文化和艺术被称作古典艺术，它们被视为西方艺术的源头，是早期基督教艺术、拜占庭艺术及中世纪艺术的基础。巴洛克和洛可可风格也在沿用这种古典艺术的精神，甚至文艺复兴时期，也从古典艺术中寻找灵感和启发。

第一节　古希腊的建筑形式与装饰手法

知识目标

熟悉古希腊的建筑形式与装饰手法。

能力目标

能够对古希腊的建筑形式与装饰手法特色进行分析和总结。

素质目标

提升对古希腊的建筑形式与装饰手法的认知与审美能力。

古希腊建筑的发展大致经历了3个主要阶段，即爱琴文明时期、希腊时期和希腊化时期。其中，爱琴文明是古希腊建筑发展史的开端，其又分为克里特岛上的米诺斯文明及希腊本土的迈锡尼文明。

一、建筑空间

（一）米诺斯王宫

米诺斯王宫（见图9-1）是克里特岛上最显赫的宫殿建筑，殿长150 m、宽100 m，总占地面积为22 000 m²。殿的主院的东西两侧都建有厢房，厢房的台阶向上延伸了有四层楼高，厢房还建了采光孔、小内院、走廊、大厅和起居室。

图9-1　米诺斯王宫复原图

王宫建筑中最有名的是"御座之室"和"大阶梯"。"御座之室"位于中心庭院的西面，分为前后两部分，前室面向中心庭院，内有一个长方形地穴；后室较大，里面放着一个石制的宝座。宝座高高的靠背用雪花石膏制成，放在一个正方形的基脚上，座位下有奇异的卷叶式凸雕。地板染成红色，一面墙上画着两只躺着的鹰头狮身蛇尾的怪兽。

"大阶梯"不仅是通向东面王室居所的唯一通道，而且在建筑群中起着举足轻重的作用。它与附近好几堵墙相连，墙上绘有壁画。阶梯的另一面安置有低矮的栏杆，栏杆上竖着上粗下细的柱子，支撑阶梯上的数个平台。

（二）迈锡尼卫城

迈锡尼文明时期，人们将宫殿建筑修筑于卫城之中。在卫城及住宅建筑中，迈锡尼人更多地采用梁架结构，也由此奠定了古希腊建筑以梁柱结构为主的传统特色。

迈锡尼城的卫城由45道城墙串联组成，入口的"狮子门"（见图9-2）由一横两竖的巨石构成，横梁上有一块三角形石雕，其中央雕刻着一根米诺斯宫中常见的圆柱，圆柱两侧有一对狮子相向而立。

宫殿建筑中有一个露天庭院通向正厅，正厅前有门廊，入口两侧有一对圆柱，厅内有四根圆柱支撑木屋顶结构，中央有一个火塘。

整座迈锡尼城以堆垒的大石砖建造，石块大小雷同，但四周却无裁切痕迹，石与石之间也没有任何胶着物，全部交叉堆叠而成，建造方法类似埃及金字塔。

迈锡尼城周围散落有十几座圆形陵庙，其中以阿伽门农墓最为著名。墓室入口高5.5 m，墓室内平面呈圆形，直径约14.5 m，拱顶高达13 m，全部使用平整的石块叠砌而成，如图9-3所示。

图9-2　狮子门

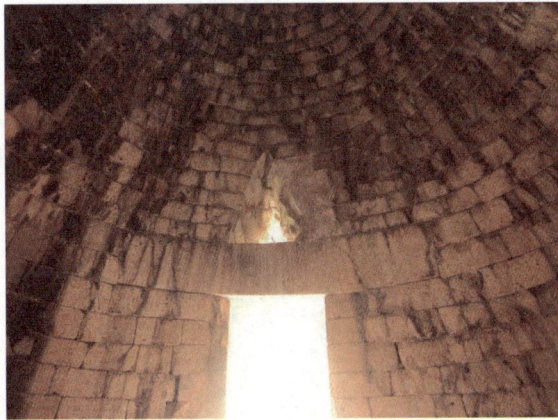

图9-3　阿伽门农墓

（三）埃比道拉斯剧场

埃比道拉斯是位于伯罗奔尼撒东北部的一座希腊古城，建于公元前4世纪的埃比道拉斯露天剧场是希腊保存得最好的古剧场与古典建筑之一，周围绿荫环绕，风景优美，剧场也以其极佳的声效而闻名于世，至今还在使用，如图9-4所示。

图9-4　埃比道拉斯剧场

剧场中心的舞台直径20.4 m。舞台前的34排大理石座位依地势建在环形山坡上，次第升高，像一把展开的巨大折扇，全场能容纳1.5万余名观众。

（四）住宅

古希腊的住宅较为简朴，组合形式也较为单一，其通常围绕着一个露天庭院进行布局，面向街巷的墙面为光面。住宅通常为1～2层粗石或泥砖结构房屋，平面布局的变化较为自由，对称格局不多见。靠近入口处通常设有厅堂，为家庭男主人接待宾客所用，露天的院子中多以柱廊环绕，是一处多用途的起居与工作空间，如图9-5所示。

许多房屋的底层地面为结实的硬土，有些铺设木地板，贫民住宅中一般使用泥土地面，较为豪华的住宅中多使用木地面或石板地面。古希腊早期的大部分房屋内部都涂有颜色，以红色较为多见。室内壁面多以壁画作装饰，护壁板多为白色或黄色。

另外，古希腊的住宅极少开窗，房间之间，以及室内与室外的联系多通过内门或开向内庭的外门来完成。进入希腊化时期，人们对住宅建筑的要求大为提高，住宅的规划与设计也较为讲究。住宅沿街设入口，所有的生活区都面对内院，列柱围廊内庭成为住宅中的常设形式（见图9-6）。

图9-5　希腊早期住宅1

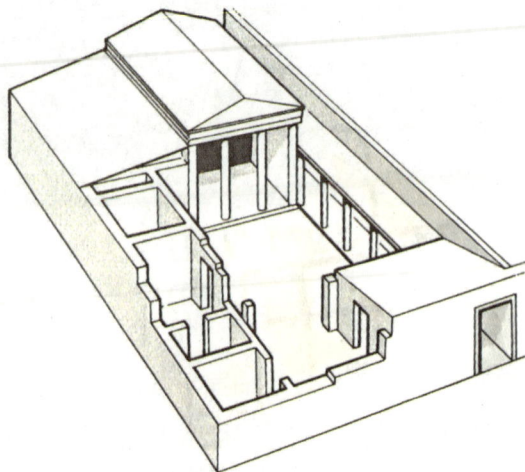

图9-6　希腊早期住宅2

一些富人住宅则多采用三合院或四合院的形制，而且还采用多层建筑的形式。富人住宅一般会在东面设图书室，南面是方形的正厅，西面是欢聚室，北面是餐厅和画廊，如图9-7与图9-8所示。

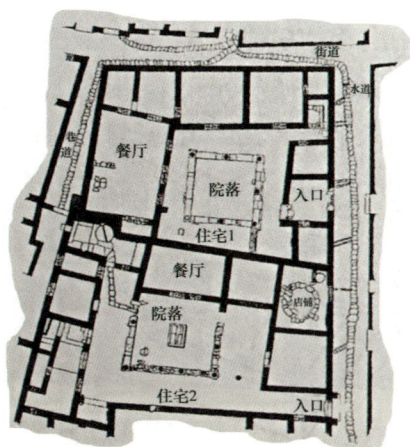

图9-7 希腊大型住宅平面图

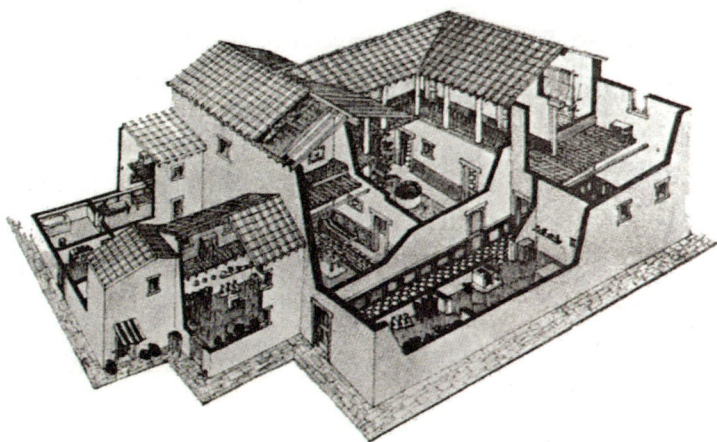

图9-8 希腊大型民居

二、神庙空间

神庙是神灵的住处。最初的神庙使用晒干砖砌成，只有单室，之后，柱子开始出现于建筑物内部。公元7世纪晚期，神庙的主体建筑完全为柱子所包围，形成了希腊建筑独特的围廊。

（一）帕特农神庙

帕特农神庙（见图9-9）是雅典卫城的主体建筑，为了歌颂雅典战胜波斯侵略者的胜利而建。帕特农神庙是供奉雅典娜女神的最大神殿，帕特农原意为贞女，是雅典娜的别名。帕特农神庙呈长方形，庙内有前殿、正殿和后殿。神庙基座占地面积达214 m²，有半个足球场那么大，46根高达34英尺的大理石柱撑起了神庙。

图9-9 帕特农神庙

它采取八柱的多立克式，东西两面是8根柱子，南北两侧则是17根，东西宽31 m，南北长70 m。东西两立面（全庙的门面）山墙顶部距离地面19 m，也就是说，其立面高与宽的比例为19：31，接近希腊人喜爱的"黄金分割比"。柱高10.5 m，柱底直径近2 m，即其高宽比超过了5，柱身顶长秀挺。

帕特农神庙柱间的用大理石砌成的92堵殿墙上，雕刻着栩栩如生的各种神像和珍禽异兽。神庙有两个主殿，即祭殿和女神殿，从神庙前门可进祭殿，踏后门可入女神殿。东边人字墙上镌刻着智慧女神雅典娜从万神之王宙斯头里诞生时的生动图案；西边人字墙上雕绘着雅典娜与海神波塞冬争当雅典守护神的场面。祭殿的外面的腰线上雕刻着雅典娜节日的游行盛况：有欢快的青年、美丽的少女、拨琴的乐师、献祭的动物和主事的祭司。

知 识 链 接

希腊三大柱式

多立克柱式、爱奥尼柱式和科林斯柱式（见图9-10）是希腊三大古典柱式。多立克柱式和爱奥尼柱式是古希腊最早形成的柱式，两者有如下一些区别。

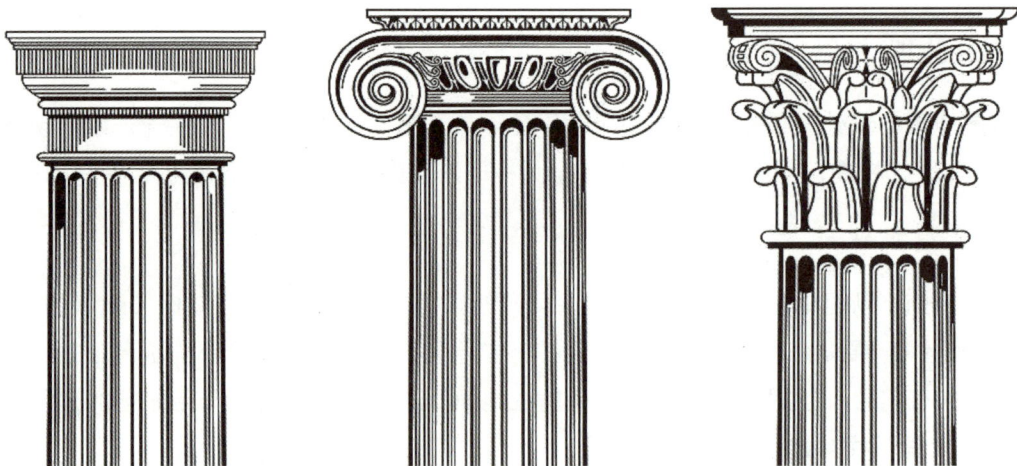

图9-10　多立克柱式、爱奥尼柱式与科林斯柱式

多立克柱子比较粗壮［1：（5.5～5.75）］，开间比较小（1.2～1.5柱底径），爱奥尼柱子比例修长［1：（9～10）］，开间比较宽（2个柱底径左右）；多立克式的檐部比较重（高约为柱高的1/3），爱奥尼式的比较轻（柱高的1/4以下）；多立克柱头是简单而刚挺的倒立的圆锥台，外廓上举，爱奥尼式的是精巧柔和的涡卷，外廓下垂；多立克柱身凹槽相交成锋利的棱角（20个），爱奥尼的棱上还有一个小段圆面（24个）；多立克柱式没有基础，雄强的柱身从台基面上拔地而起，轻巧的爱奥尼式却有复杂的、看上去富有弹性的柱础；精壮的多立克式柱子收分和卷杀都比较明显，而纤巧的爱奥尼式的却不很显著；多立克式极少有线脚，偶或有也是方线脚，而爱奥尼式的却使用多种复合的曲面的线脚，线脚上串着雕饰，最典型的母题（即主旨、主题）是盾剑、桂叶和忍冬草叶（也就是金银花）；多立克式的台基是三层朴素的台阶，而且四角低，中央高，微有弧形隆起，爱奥尼式的台基侧面壁立，上下都有线脚，没有隆起；它们的装饰雕刻也不一样，多立克式的是高浮雕，甚至圆雕，强调体积，爱奥尼式的是薄浮雕，强调线条。多立克柱式显示出雄

强刚健、质朴庄严的性格，犹如具有阳刚之气的伟男子。爱奥尼柱式则有着秀美妩媚、柔和雅丽的性格，犹如一位典雅、精致的婀娜少女。

科林斯柱式的比例比爱奥尼柱式更为纤细，柱头是用莨苕作装饰，形似盛满花草的花篮。相对于爱奥尼柱式，科林斯柱式的装饰性更强，但是在古希腊的应用并不广泛。

（二）胜利女神庙

胜利女神庙（见图9-11）位于雅典卫城山门朝南一侧的城堡凸角上，是一座主体建筑为正方形的小型神庙。胜利女神庙是雅典卫城最早的爱奥尼式建筑。从柱座到墙顶仅仅3.35 m高，在外突的走廊的每一端均有四根立柱（双面四柱式建筑）。该建筑拉伸的形状和较小的尺寸比例非常适合其建造在高高的、狭窄的地基环境中。

（三）伊瑞克先神庙

伊瑞克先神庙位于帕特农神庙的北面。这座神庙保留了非常引人瞩目的女像柱廊（见图9-12）。柱廊平面为长方形，由6尊女像柱组成，其中，正立面4尊，左右各1尊，统一被雕刻成头顶花篮、身披长袍的少女形象。

图9-11 胜利女神庙

图9-12 伊瑞克先神庙

三、家具与陈设

从希腊绘画的形象中可对希腊的家具设计了解一二。例如，西吉斯托石碑上的浮雕表现了一个优雅的妇女坐在一把新颖的希腊式座椅上，这种椅子被称为克里斯莫斯椅，向外弯曲的木椅腿支撑着一个方形的框架，上面带有皮革制成的坐垫，后椅腿继续向上形成椅背，在椅子的前面还有一个小小的踏脚板，如图9-13所示。

陶器（见图9-14）是古代希腊人的生活必需品和外销商品，希腊陶器工艺先后流行过3种艺术风格，即东方风格、黑绘风格和红绘风格。东方风格是以动植物装饰纹样为主，有时直接采用东方纹样。黑绘风格指在红色或黄褐色的泥胎上，用一种特殊黑漆描绘人物和装饰纹样。红绘风格则与黑绘风格相反，即陶器上所绘的人物、动物和各种纹样皆用红色，底色用黑色。

图9-13　西吉斯托石碑上的浮雕

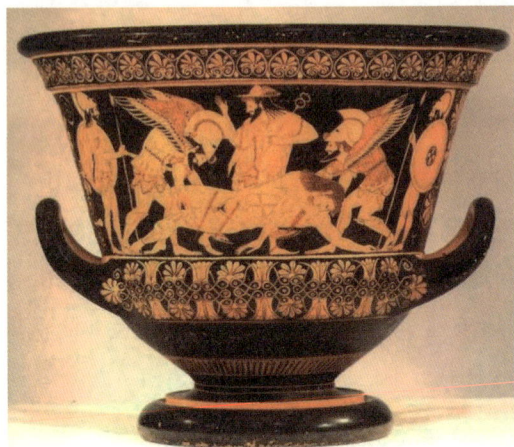

图9-14　古希腊陶器

课堂讨论

古希腊常见的柱式有哪些？其各自的特点是什么？

第二节　古罗马的建筑形式与装饰手法

知识目标

熟悉古罗马的建筑形式与装饰手法。

能力目标

能够对古罗马的建筑形式与装饰手法特色进行分析和总结。

素质目标

提升对古罗马的建筑形式与装饰手法的认知与审美能力。

一、古罗马建造技术的发展

拱券结构与混凝土工程技术的结合，使古罗马建筑在世界建筑史上创造了辉煌的一页。

券是用楔形石结合在一起形成的，可以跨越宽阔的门洞，在屋顶的建造中，人们将券并排起来形成拱，拱下两边的厚墙吸收券所产生的推力。罗马人在筒形拱的基础上创造出十字交叉拱，十字交叉拱是由两个筒形拱垂直相交而成，并可重复连续建造，所以能够覆盖任意长度的矩形空间。同时，由于十字交叉拱可代替厚墙支撑推力，所以能够营造出更为灵活的内部空间，并有利于采光和通风，如图9-15所示。此外，穹顶结构在此时得以发展，穹顶即圆形的拱顶，一个穹顶就可覆盖一个圆形的空间。

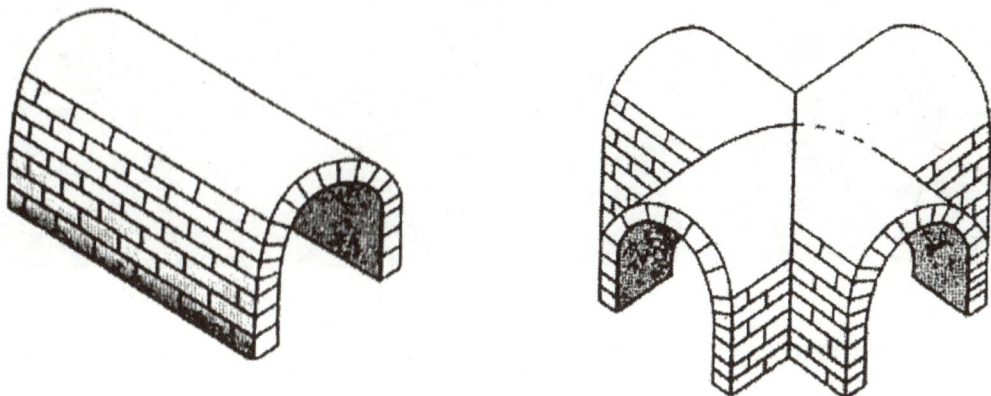

图9-15 简形拱和十字交叉拱

天然混凝土是古罗马最具特色的建筑材料。在巴伊埃和维苏威火山附近出产一种天然火山灰，其水化拌匀再凝固起来之后，耐压的强度很高。古罗马人将这种火山灰和碎石、断砖及沙子混合起来形成混凝土，用以建造墙壁、拱券和拱顶。拱券技术与天然混凝土的结合，大大简化了拱券结构的施工，又充分发掘了混凝土材料的结构潜力，室内获得了更加灵活自由的空间形状。

古罗马在古希腊原有的三大柱式基础上，创造出了两种新的柱式，即塔司干柱式及组合柱式，它们也被并称为古典五柱式。塔司干柱式（见图9-16）柱身无凹槽、柱头无装饰，柱头与上部额枋之间没有顶石过渡，檐板上也没有雕刻装饰，柱底径与高度之比为1∶7，整体风格质朴、粗犷。组合柱式是将爱奥尼柱式中的涡卷和科林斯柱式中的莨苕相结合，形成了华丽、繁复的柱式。在具体实践中，古典五柱式的比例与搭配标准等会按照建筑的造型做相应的变化与调整。

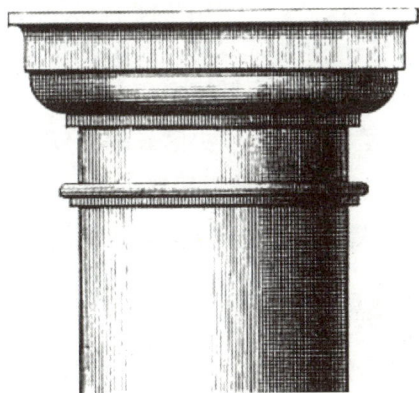

图9-16 塔司干柱式

二、神庙

罗马的神庙建筑深受希腊文化影响。神庙一般修建在高高的基座上面，正面设台基。神庙整体平面呈长方形，在功能上分为前后两大部分，前部为圆柱支撑的深门廊，后半部为内殿，由连续的承重墙围合而成。内殿横向又分隔为3个独立空间，用来供奉神祇。

万神庙（见图9-17、图9-18）是罗马众多辉煌的建筑遗迹中最为重要的建筑之一，代表了罗马人设计与建造工程的最高水平。万神庙由一个矩形门廊和一个圆形神殿组成，从基础到穹顶均使用混凝土浇筑而成。

万神庙的门廊高大雄壮，它面阔33 m，正面有长方形柱廊，柱廊宽34 m，深15.5 m；有科林斯式石柱16根，分3排，前排8根，中、后排各4根。柱身高14.18 m，底径1.43 m，用整块埃及灰色花岗岩加工而成。柱头和柱础则是白色大理石。

图9-17 万神庙外部

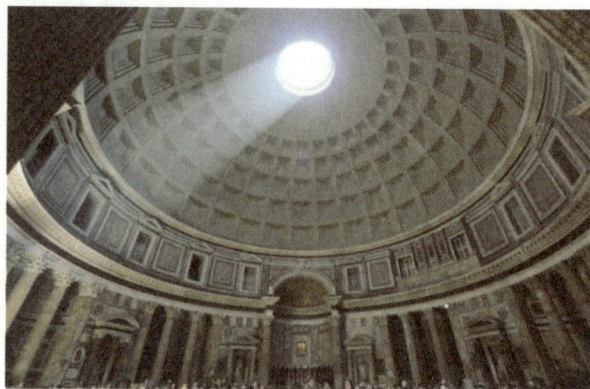

图9-18 万神庙内部

　　万神庙的穹顶直径达43.3 m，顶端高度也是43.3 m。穹顶中央开了一个直径8.9的圆洞，从圆洞进来柔和的漫射光照亮空阔的内部，产生一种宗教的宁谧气息。为了减轻穹顶重量，墙壁从穹顶根部起，越往上越薄，下部厚5.9 m，上部仅为1.5 m。万神庙后被改作基督教堂，这也使得其避免了后来者的破坏，得以完好地保存下来。

三、建筑空间

（一）科洛西姆竞技场

　　科洛西姆竞技场（见图9-19、图9-20）代表了罗马建筑的顶峰，它是古罗马最大的椭圆形竞技场。建筑略呈椭圆形，其长轴为188 m，短轴为156 m，周长527 m，外墙高48.5 m。竞技场中心也呈椭圆形，中央区长轴为86 m，短轴为54 m，高57 m，占地20 000 m²，用淡黄色巨石砌成，共4层，下面3层每层有80根石柱。上面原铺有木板，为表演区。台下共有80多个地下室，分别为乐队室、道具间及关闭猛兽的场所。

图9-19 科洛西姆竞技场外部

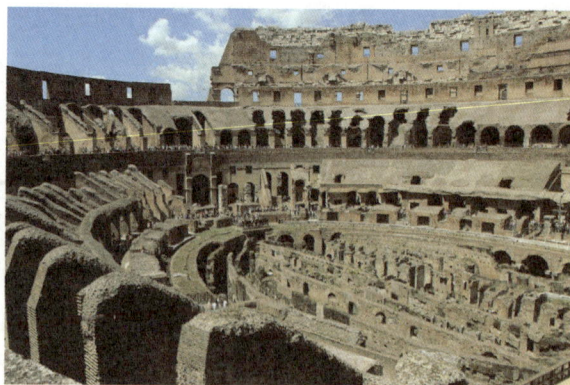

图9-20 科洛西姆竞技场内部

　　竞技场的体量巨大，可容纳5万多名观众。以混凝土建成的中场由数公里长的拱顶走廊和阶梯环绕，便于观众出入竞技场。除了常见的拱顶外，它还运用了更复杂的建筑形式——穹棱拱，由两个拱顶直角连接而成。竞技场的外部结构在水平和垂直方向上搭配得非常精巧，以连续不断的立柱和檐部构成一连串拱券，拱券孔重叠反复，形象明朗开阔，整体上既统一又有变化。拱门旁边的立柱采用了3种古典柱式，从下到上采用了由重到轻的演变，底层是古老的、庄严的多立克柱式，接着是优雅的爱奥尼柱式，第三层是轻灵的科林斯柱式，第四层为长方形的窗户和方柱，东北、西北、西南、东南各有一门。其中西北为正门，西南侧和东北侧的门为皇室专用，立有柱子，可张挂遮日天篷。这些希腊柱式既是建筑结构的核心，又丰富了建筑的装饰效果。

（二）公共浴场

帝国时期，很多皇帝都建造公共浴场来笼络无所事事的奴隶主，浴场迅速成为重要的公共建筑物。很多浴场具有采暖措施，地板、墙体和屋顶都设有管道，用于输入热水。卡拉卡拉浴场是其中杰出的代表之一。

卡拉卡拉浴场（见图9-21）位于罗马市中心边缘的南部，占地160 000 m²。整个浴场的地面和墙壁都是用来自罗马帝国不同地区的珍贵的彩色大理石铺嵌而成的，这些大理石的墙面上，还饰以精美的图案、色彩和绘画。在浴场每个转弯处的上方，都立有一尊雕像。除30 000 m²的浴场外，卡拉卡拉浴场还有图书馆、竞技场、散步道、健身房等各种设施，丝毫不亚于现代的大型休闲中心。浴场内分为冷水、温水、热水浴室和蒸汽室及更衣室，从残

图9-21 卡拉卡拉浴场复原图

存的马赛克镶拼地板、直径30 m的浴池、高达30 m的墙壁，可以想象当时规模宏大、宾客云集的场面。

拓 展 阅 读

精美的马赛克画

古罗马人通常会在地面铺设马赛克画，精美的小瓷砖画显示了当时人们追求浪漫精致的生活的精神，如图9-22所示。

图9-22 地面精美的马赛克画

（三）巴西利卡

巴西利卡（见图9-23）在古罗马是用作法庭、商业贸易和会议的大厅，其平面呈长方形，两端或一端有半圆形龛，主体大厅被2排柱子分成3个空间或被4排柱子分成5个空间，中央是比较宽的中厅，侧廊造得比中厅要矮些，所以在中厅上部的墙面上可以设置高侧窗，建筑结构一般是石墙支撑着木质屋顶。这种建筑容量大、结构简单，逐渐发展成为基督教堂的主要形式。

图9-23 巴西利卡

课堂讨论

巴西利卡式建筑空间构造有何特点？现实生活中，你见过哪些与其类似的建筑？

（四）住宅

古罗马时期的住宅大致分为两类，一类是沿袭希腊晚期的四合院式，另一类是公寓式。四合院式的住宅通常面对街道，有一个不显眼的大门入口，通过一条过道到达一个露天的内院。在敞开的中庭中间有一个水池，周围有柱廊支撑着瓦屋顶，如图9-24所示。

在入口的轴线上通常有一个正式的客厅，屋顶中央是一个露天的天井，地面的相应位置有一个池子可以盛装雨水，周围有柱廊支撑着木构的瓦屋顶，从此处可以通向住宅内的大多数房间，如图9-25所示。窗户一般很小，但是因为光线可以从门洞射入，像厨房、面包房、浴室这些小房间使用起来也很方便。

一般的城市居民多住在公寓内，比较高级的公寓底层整层住一户，带有院落；低级一些的公寓底层开设店铺，作坊在后院，上面住人；最差的公寓，每户沿进深方向布置数间房间，通风和采光都比较差。

图9-24　民宅院落

图9-25　民宅客厅

四、家具与室内装饰

在古罗马纪念性的建筑中，主要应用了3种基本饰面，即大理石饰面、灰墁浮雕饰面和陶瓷锦砖饰面。古罗马人已经掌握了较高水准的大理石铺装工艺，除了本地出产的白色斑岩和红色长石外，埃及、爱琴海地区的一些更为珍稀的大理石也被大量进口使用。灰墁浮雕饰面由于可适用于曲率不同的各类表面，且浮雕主题可大可小，能够灵活填充于各个部位，因此受到了古罗马设计师的青睐。热爱空间和色彩变化的古罗马人不仅带动了陶瓷锦砖装饰的流行，还在玻璃陶瓷锦砖中混合金色或彩色，以达到闪闪发光的效果。

古罗马的壁画（见图9-26）以丰富的内容和形式创造了最美、最具创造力的室内装饰部分。壁画多以固体颜料和天然染料制作而成，以室外景观、神话故事和日常生活场景为题材。

图9-26　古罗马壁画

古罗马家具大多坚实、厚重、装饰繁复，明显区别于古希腊或希腊化家具的轻巧秀丽，其使用的材料有木制、铜制或大理石制的。贵族吃饭时都采用半躺的姿势，因此罗马人日常生活使用最多的是坐具，如图9-27所示。

图9-27　画作中的躺椅

▼ 课后实践

通过本章的学习，结合网上资料，对古罗马风格的建筑及室内设计要素进行提炼，总结出古罗马时期的建筑风格及室内装饰特点，并以PPT形式展示。

思 考 题

1. 古希腊的建筑形式与装饰手法有哪些特点？其演变趋势是什么？
2. 古罗马的建筑形式与装饰手法有哪些特点？其演变趋势是什么？

第十章

中世纪建筑与室内设计

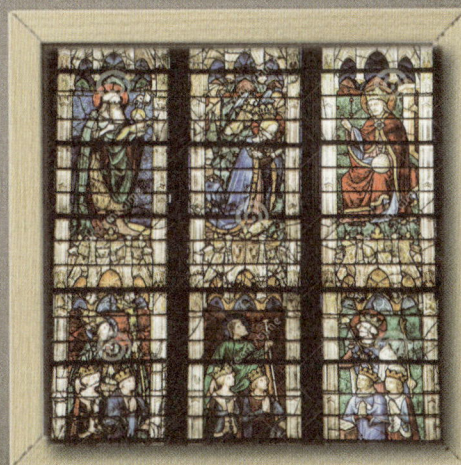

中世纪是指古希腊、古罗马与文艺复兴两个黄金时代之间的一段时期。罗马帝国因外族入侵而逐步衰落，古罗马分裂后，分别出现了拜占庭文明、西欧中世纪文明和伊斯兰文明等，在社会文化、建筑、艺术等领域也取得了重要的成就。

第一节　早期基督教、拜占庭风格空间设计

知识目标

熟悉早期基督教、拜占庭风格空间设计。

能力目标

能够对早期基督教、拜占庭风格空间设计特色进行分析和总结。

素质目标

提升对早期基督教、拜占庭风格空间设计的认知与审美能力。

在基督教的合法地位被确定之后，基督教教堂建筑获得了发展的机会，基督教教徒们在巴西利卡这一建筑形式的基础上更新和发展了教堂建筑，使之更加适应基督教的活动需求。

拜占庭艺术是从 4 世纪到 15 世纪，以君士坦丁堡为中心的拜占庭帝国和基督教会相结合的艺术。与古希腊、古罗马相比，拜占庭艺术所强调的是对耶稣神性的描绘，而不是对人性的关注。拜占庭建筑从古罗马建筑中继承了巨型穹窿顶结构技术。由于掌握了先进的帆拱技术，拜占庭建筑巨型穹窿顶下的空间通常是开敞和流动的。

知识链接

帆拱技术

帆拱技术可以解决在正方形或多边形平面上建造圆形穹窿顶这一技术难题，应用帆拱技术的穹窿顶，其剪力可以通过位于支座处的三角形球面传至平面角部的柱墩，使得穹窿顶下的室内空间摆脱了连续承重墙的限制。

一、教堂空间

承续早期基督教艺术风格，拜占庭艺术内容表现受到宗教的限制，大多描绘《圣经》的故事或基督的神绩，因此其主要表现场所为各地的教堂。

（一）圣科斯坦察教堂

罗马的圣科斯坦察教堂（见图 10-1）是最有名的早期集中式教堂，原是作为君士坦丁大帝女儿的陵墓，后被用作基督教洗礼堂。在建筑内部，中央穹顶空间被双柱组成的回廊环绕着，廊顶覆盖着镶有彩色马赛克画的筒形拱。在圣科斯坦察教堂内部，双柱上方的短梁均以向心排列的方

式指向中央空间的圆心，产生了很强的向心性，人们无论走在哪里，其视线都会不自觉地被牵制到空间的中央位置。

(二) 圣维塔尔教堂

位于意大利拉韦纳的圣维塔尔教堂（见图10-2）采用了八边形集中式平面布局，一个短短的半圆形后殿向东延伸。中央空间的上方覆盖着高敞的穹顶，周围被走道环绕，并由其将建筑外观转变成八边形，入口的门厅斜成一定的角度，以便与八边形的两条邻边相连。

走廊的上部是楼座部分，光线由高侧窗射入，色彩丰富的大理石和绚丽的马赛克画在极其简朴的建筑造型内造就了一个别有洞天的室内空间。在立面上，其中央空间除祭坛外的7个面都带有半穹顶的凹室，凹室背面用柱廊代替墙面，并与外围更低的两层环形拱顶走廊相通，形成扩展流通的空间效果。祭坛的半球形穹窿顶下方左侧的墙壁上绘有手持圣饼盘的查士丁尼和主教、朝臣和侍从的画像；右侧绘有手捧圣餐杯的皇后狄奥多拉和侍女的画像。

图10-1 圣科斯坦察教堂

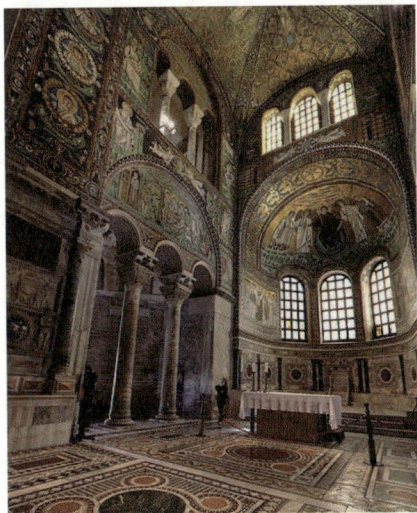

图10-2 圣维塔尔教堂内部

(三) 圣索菲亚大教堂

圣索菲亚大教堂（见图10-3、图10-4）是拜占庭式建筑的代表，创造了以帆拱上的穹顶为中心的复杂拱券结构平衡体系。圣索菲亚大教堂东西长77 m，南北长71 m。布局属于以穹窿覆盖的巴西利卡式。中央穹窿突出，四面体量相仿但有侧重，前面有一个大院子，正南入口有二道门庭，末端有半圆神龛。中央大穹窿直径32.6 m，穹顶离地54.8 m，通过帆拱支撑在4个大柱墩上。其横推力由东西两个半穹顶及南北各两个大柱墩来平衡。穹窿底部密排着一圈40个窗洞，教堂内部空间饰有金底的彩色玻璃镶嵌画。装饰地板、墙壁、廊柱的是五颜六色的大理石，柱头、拱门、飞檐等处以雕花装饰，教坛上镶有象牙、银和玉石，大主教的宝座以纯银制成，祭坛上悬挂着丝与金银混织的窗帘，上有皇帝和皇后接受基督和玛利亚祝福的画像。

圣索菲亚大教堂的特别之处在于平面采用了希腊式十字架的造型，在空间上创造了巨型的圆顶，而且在室内没有用到柱子来支撑。君士坦丁大帝请来的数学工程师们发明出以拱门、扶壁、

小圆顶等设计来支撑和分担穹窿重量的建筑方式，以便在窗间壁上安置又高又圆的圆顶，让人仰望天界的美好与神圣。

图10-3　圣索菲亚大教堂外部

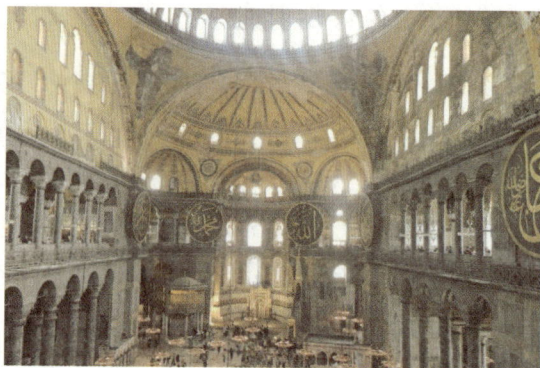

图10-4　圣索菲亚大教堂内部

拓 展 阅 读

圣马可教堂

与圣索菲亚大教堂齐名的是威尼斯的圣马可教堂。它曾是中世纪欧洲最大的教堂，是威尼斯建筑艺术的经典之作，它同时也是一座收藏丰富艺术品的宝库。

教堂建筑循拜占庭风格，呈希腊十字形，上覆5座半球形圆顶，为融拜占庭式、哥特式、伊斯兰式、文艺复兴式各种流派于一体的综合艺术杰作。教堂正面长51.8 m，有5座棱拱形罗马式大门。顶部有东方式与哥特式尖塔及各种大理石塑像、浮雕与花形图案，如图10-5所示。圣马可教堂内饰有许多以金黄色主调的镶嵌画（见图10-6），有"世界上最美的教堂"之称。

图10-5　圣马可教堂外部装饰

图10-6　圣马可教堂内部镶嵌画

二、室内装饰与家具陈设

砖是当时使用最多的建筑材料，室内装饰多在砖的表面覆盖灰泥、石面或大理石。拜占庭人掌握了非常高超的大理石铺设技术。它们先将大理石切到尽可能薄的程度，然后并排放置于表面上，以使纹理能被反映出来。建筑表面则常用花冠藤蔓、天使、圣徒，以及各种鸟兽、果实和叶饰图案等作为装饰型元素，如图10-7所示。

图10-7 拜占庭风格装饰元素

另外，与传统的希腊柱式不同，拜占庭柱式的特点是柱头呈倒方锥形，刻有动物或植物图案，植物图案多为忍冬草，如图10-8所示。

图10-8 拜占庭柱式

拜占庭时期，纺织品被广泛使用于室内，使得大理石和陶瓷锦砖装点的宫殿更趋舒适。两个拱形之间常用挂杆悬挂着大幅的窗帘，窗帘的长度一般以达到墙裙位置为宜。在普通建筑中，布幔常常环房间悬挂于壁檐或墙裙高度处，或悬挂于拱券间的横杆下。

当时的椅子和桌子以希腊、罗马的样式为主，但大多已由曲线形式转变成了直线形式。家具的材质为木材、金属、象牙等，金、银、宝石、玻璃镶嵌及浮雕成为其主要的装饰手段，如图10-9所示。

图10-9　象牙雕刻镶嵌的家具

课堂讨论

拜占庭风格的建筑空间有何特色？除书中所讲之外，你还知道哪些拜占庭风格的教堂？请列举一二，并说明其特色。

第二节　中世纪罗马风空间设计

知识目标

熟悉中世纪罗马风空间设计。

能力目标

能够对中世纪罗马风空间设计特色进行分析和总结。

素质目标

提升对中世纪罗马风空间设计的认知与审美能力。

欧洲11—12世纪所流行的建筑风格被称为罗马风，后来，罗马风泛指这一时期的建筑、绘画、雕刻等艺术形式的统一风格。这一时期的建筑师们从古罗马、拜占庭等建筑传统中汲取养分，创造了这种新的风格，并流传至整个欧洲。

提 示

罗马风建筑采用古罗马建筑的一些传统做法，如半圆拱、十字拱等，以及简化的古典柱式和细部装饰。

一、德国的罗马风建筑空间设计

（一）亚琛大教堂

亚琛大教堂（见图10-10、图10-11）又名巴拉丁礼拜堂，是德国著名的教堂。教堂建筑极具宗教文化色彩，这座八角形的建筑物融合了拜占庭式和法兰克式的建筑风格的精髓。整个教堂内部结构以圆拱顶为主要特色，用色彩斑斓的石头砌成，是中世纪拱顶建筑的杰作。礼拜堂高达3.9 m，在许多世纪中一直是德国的最高建筑。内部以古典式圆柱为装饰。教堂大门和栅栏则为青铜式建筑，风格古典。

这座具有独特风格的建筑有许多高耸的尖塔，门洞四周环绕数层浮雕和石刻。在夏佩尔宫里，陈列着神圣罗马帝国皇帝腓特烈一世赠送的烛台，走廊里陈放着当时查理曼大帝的大理石宝座。唱诗班席里也存放着查理曼大帝的金圣物箱，保存着他的遗物。此外，教堂里还有不少精美绝伦的青铜器、象牙器和金银工艺品和出自名家之手的宗教艺术品。亚琛大教堂的艺术财富被认为是北部欧洲最重要的教会艺术宝藏。

图10-10 亚琛大教堂外部

图10-11 亚琛大教堂内部

（二）施派尔大教堂

施派尔大教堂（见图10-12、图10-13）位于德国莱茵兰－普法尔茨州莱茵河畔的城市施派尔。建筑长130 m，中廊宽13.5 m、长70 m，屋顶高2.7 m，是现存罗马风教堂中规模最大的建筑。建筑的中廊和侧廊通过有壁柱的柱墩来划分，柱墩之间由拱券连接，柱墩每隔一跨，在截面上有所补强（壁柱加粗）。屋顶在始建时是木屋架，后改成十字拱结构，西立面中央和中廊与横厅的交叉处

有采光用的塔，室内空间深远高峻。建筑的圣坛部位和塔的檐口下有拱廊，此种手法后来被莱茵河流域教堂普遍采用。施派尔大教堂在平面、结构及建筑空间方面，对后来的莱茵河流域的教堂有深刻的影响，尽管后来有不少不同风格的增建和改建，施派尔大教堂仍不愧是罗马风初期建筑的杰作。

图 10-12　施派尔大教堂外部

图 10-13　施派尔大教堂内部

二、意大利的罗马风建筑空间设计

（一）圣米尼奥托教堂

圣米尼奥托教堂（见图 10-14、图 10-15）位于佛罗伦萨，其内部没有横厅，中厅采用木桁架屋顶和连拱式圆柱廊，每隔三个开间有一个由粗大的束状柱支撑的横向跨拱，连拱廊上方的墙面以大理石和马赛克镶嵌而成的精美图案装饰。其中厅分为三部分，各部分上面都覆盖着木制屋顶，并绘有以蓝、红色调为主的装饰图案。两端的地下室朝着中厅内部敞开，地下室上面建有唱诗席，墙面上贴有黑、白两色的大理石，形成了视觉上的强烈对比。窗户上则镶嵌着半透明的大理石。

图 10-14　圣米尼奥托教堂外部

图 10-15　圣米尼奥托教堂内部

（二）比萨大教堂

比萨大教堂（见图10-16、图10-17）位于意大利中部的托斯卡纳省省会比萨，是意大利罗马式教堂建筑的典型代表。教堂平面呈长方的拉丁十字形，长95 m，纵向4排、68根科林斯式圆柱。纵深的中堂与宽阔的耳堂相交处为一椭圆形拱顶所覆盖，中堂用轻巧的列柱支撑着木架结构屋顶。

比萨大教堂的建筑样式并不是纯粹的巴西利卡式，而是掺有罗马式风格的一种建筑样式。为了防御外敌，当时的宫殿或教会建筑都筑成城堡样式。在结构方面，建筑趋向于有机平衡及结构与形式上的密切配合，这表现在建筑的结构部分与间隔部分的分工：一方面在筑墙时，把建筑的全面承重改为重点承重，因而出现了承重的墩子或者扶壁与间隔轻薄的墙；另一方面是创造了肋料拱顶。一般的教堂，平面仍呈巴西利卡式，但加大翼部，成了明显的十字架形，而十字交叉处从平面上看，由于上有突出的圆形或多边形塔楼，渐渐接近正方形。而比萨大教堂的平面虽是巴西利卡式的，中央通廊上面是用木屋架，然而其券拱结构由于采用层叠券廊，罗马式特征依然十分明显。

图10-16　比萨大教堂外部

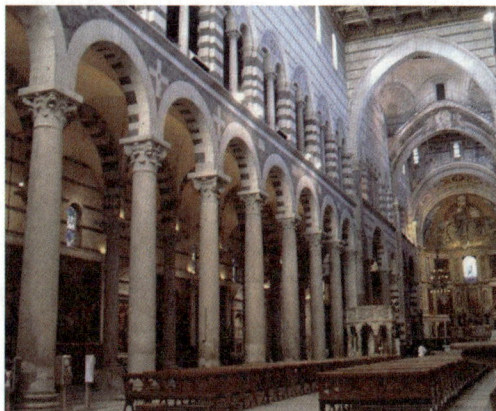

图10-17　比萨大教堂内部

三、法国的罗马风建筑空间设计

（一）圣塞尔南教堂

圣塞尔南大教堂（见图10-18、图10-19）位于法国图卢兹，是世界上现存最大的罗马式教堂之一，也是欧洲最大的长方形教堂。它是在一座早期的巴西利卡式教堂的基础上兴建的。其正门上方的两个隐窝和鼓室，以及800个柱头雕饰描绘了基督教救世主耶稣基督升天的场景。最有特色的是它那五层高达64 m的钟楼，直耸云霄，让人惊叹于古人的鬼斧神工。

教堂内部由立柱隔成许多方形的小单元，中厅只有两层，覆以筒形拱顶，拱顶上每开间对应一条横向拱肋，可以使拱顶分段砌筑，拱顶下方由方形壁柱承接，空间形成指向祭坛的连续的节奏感。从边廊尽头的塔楼和中厅里众多的穹顶可以看到罗马风建筑风格的进一步发展。

图 10-18　圣塞尔南大教堂外部

图 10-19　圣塞尔南大教堂内部

（二）圣米歇尔山修道院

圣米歇尔山修道院（见图 10-20）位于圣米歇尔山上。圣米歇尔山是天主教除了耶路撒冷和梵蒂冈之外的第三大圣地，在法国北部诺曼底和布列塔尼之间的海面上，高约 80 m。圣米歇尔山的修道院和大教堂都在基督徒的心目中有着至高无上的地位。

教堂分祭坛、耳堂和大殿 3 个部分。由于高低不平的山顶无法提供宽阔平整的地基，人们便沿山坡修筑了几处建筑，以使教堂建在同个水平面上。教堂的正面建有三扇拱门的大门廊，从门前的平台上即可俯瞰大海。教堂大殿为典型的罗马风，其穹窿的开间多达 7 道，两侧的拱门式长廊上方的楼廊砌有罗马式拱窗，从而保证了教堂的通风与采光。

修道院的内院与回廊被二层的花岗岩墙垛或巨型石柱支撑着，近看好似镶嵌在大教堂之上，远眺又好似悬浮于天水之间。与内院相映成趣的回廊堪称中世纪建筑艺术的精品，其圆柱看似纤圆脆弱，但却支撑着回廊的页岩大屋顶。廊柱的排列错落有致，其梅花形的格局使得柱头又成为对角拱顶的台基，形成了柱林之上的连拱廊，如图 10-21 所示。

图 10-20　圣米歇尔山修道院

图 10-21　修道院的内院与回廊

四、英格兰的罗马风建筑空间设计

英国最著名的罗马风教堂是达勒姆大教堂（见图 10-22）。达勒姆大教堂被认为是英国最大、最杰出的罗马风建筑遗产，其拱顶的大胆革新已预示着哥特式建筑的诞生。

在达勒姆大教堂的建设过程中，建筑师们首次采用了在英格兰属于独创的十字横肋穹顶技术，以此克服了罗马风格中迄今多余而笨拙的筒形穹顶的建筑方式，从而开辟了通向更精细、更纤巧的哥特式艺术之路。原先承受着穹顶的重力和推力的坚固的墙，现在被十字横肋和支柱替代，重负通过它被导向下方。这种新的构造种类，使更高大的空间和更空灵的外墙成为可能。达勒姆大教堂的尝试标志着一种崭新艺术形式发展阶段的肇始，这个发展阶段在伟大的哥特式大教堂里达到了顶峰。这个缘故使得达勒姆大教堂规模之大在当时是很不寻常的，60 m长、12 m宽的教堂中堂达到了 22 m 的可观的高度。

图 10-22　达勒姆大教堂内部

五、伊斯兰建筑空间设计

伊斯兰世界发展了两种重要的建筑类型，即清真寺和王宫，科尔多瓦大清真寺和阿尔汗布拉宫是其中的代表性作品。伊斯兰工匠喜欢轻巧倩丽的拱券，并赋予拱券千姿百态的造型，使之成为伊斯兰建筑中最引人注目的细部特征。伊斯兰建筑的特有魅力与装饰效果，特别是颇具想象力的花色拱券造型和精美的饰面艺术联系在一起。其室内环境具有空灵、细密、精致和奢华等主要特征。

（一）科尔多瓦大清真寺

科尔多瓦大清真寺（见图 10-23）是伊斯兰世界最大的清真寺之一，它的形制来自叙利亚。其大殿东西长 126 m，南北深 112 m，拥有 18 排柱子，每排 36 根，柱间距不到 3 m，柱子是罗马古典式的，高只有 3 m，木顶棚板高 9.8 m，柱子和顶棚之间重叠着两层发券，上层的略小于半圆，下层的是马蹄形的，都用白色石材和红砖交替砌成。柱子的柱头雕刻成抽象的形式，整个空间给人一种丰富多姿的感受。

下篇　外国部分

157

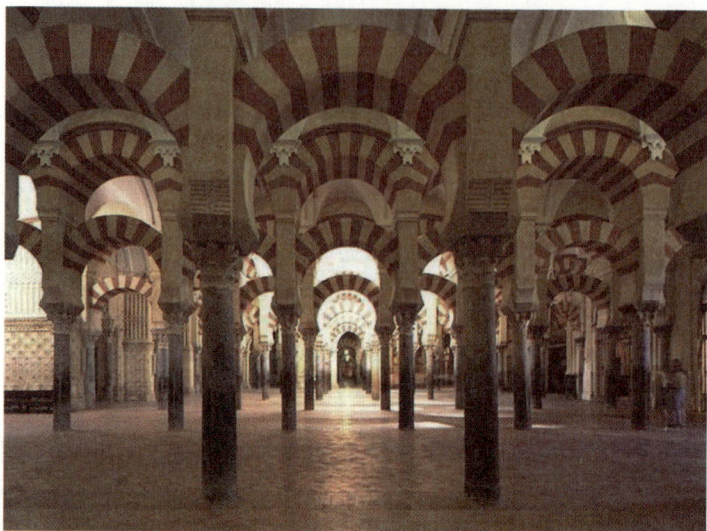

图 10-23　科尔多瓦大清真寺

知 识 链 接

伊斯兰清真寺

　　伊斯兰清真寺的核心建筑是祈祷大厅，通常从被称作"伊旺"的伊斯兰大拱门进入。祈祷时，所有的信徒都是平等的，人人面向圣地麦加。祈祷大厅内不设祭坛，代之以一道礼拜墙。礼拜堂以圣龛为标志，用以指示麦加的方向。圣龛旁一般设有布道坛，它们是祈祷大厅内装饰最为华丽的地方。

（二）阿尔汗布拉宫

　　阿尔汗布拉宫（见图 10-24）是中世纪摩尔人统治者在西班牙建立的格拉那达王国的宫殿，是西班牙最重要、最美丽的伊斯兰教建筑。其四周围墙用红色石块砌筑。沿墙筑有或高或低的方塔，墙内有许多院落，其中的狮泉庭院尤为知名，院内中央是 12 头白色大理石狮子簇拥的盘形喷泉水池，廊庑雕饰极为精美，各厅房也有图案别致的石钟乳状垂饰花纹，为阿拉伯风格的杰作。

　　宫中主要建筑由两处宽敞的长方形宫院与相邻的厅室所组成。南北向的院子称石榴院，用于朝觐仪式，布局规整，宽 23 m，深 36 m。两端设券柱柱廊，柱子纤细轻巧。北端券廊后面是接见使节的方形正殿。殿、廊内墙面上布满精美的石膏浮雕图案。中央有大理石铺砌的大水池，周围种植石榴树。另一个东西向的小院子是脍炙人口的狮子院，为后妃的居住处，长 28 m，宽 16 m，124 根洁白大理石柱或单或双或三根一簇不规则地排列，支撑四面马蹄形券的回廊。圆形屋顶饰有金银丝镶嵌的精美图案。柱头、券表面满布精琢细镂、复杂华丽的石膏雕饰。大面积铺满装饰是伊斯兰建筑的重要特点之一，伊斯兰教义严禁使用人像、动物和形象化的植物题材，所以图案都是几何纹饰，包括特有的钟乳拱、铭文饰和一些程式化的植物图案。

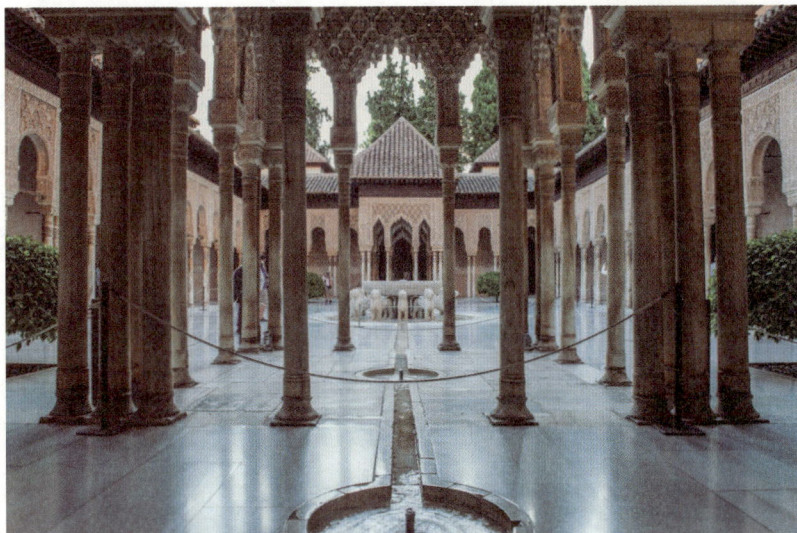

图10-24　阿尔汗布拉宫

六、住宅空间设计

中世纪早期的民居一般为多层建筑，采用木楼板、木楼梯或石楼梯进行上下空间的衔接。其底层的房间可面向街道开放，故主要用作商店、作坊或储藏室；二层一般为多功能起居室；二层以上则是阁楼或库房，厨房和卧室主要安置在屋后院子里的小房间内。

中世纪的城堡一般都是用裸石建造的，窗户开得细长，一方面是出于防御的考虑，另一方面则是对恶劣天气的防御，如图10-25所示。

图10-25　中世纪城堡

七、家具与室内陈设

图10-26　圣弗伊雕像

中世纪早期，世俗建筑中使用的多为简陋的附墙式固定家具，如壁柜、长凳等。11世纪以后，家具的品类逐渐丰富起来，有床、桌、椅、箱柜等多种形式。家具大多以木材制成，也有用石材或金属制成的。普通平民的家具常常是一物多用，而统治阶级的家具则多样且十分华丽。无论是椅脚还是靠背都参照了罗马风建筑中连环拱的造型。一些用于存放珍贵圣物的柜子会进行雕花的表面装饰，如圣弗伊教堂圣物箱上的雕像就极为精致。雕像头戴金冠，身着长袍，端坐于宝座之上，浑身上下布满各类华贵的装饰品，其主要的装饰手法有镶嵌、捶揲、錾刻等，堪称中世纪金属艺术的代表作，如图10-26所示。

随着染色技术的发展，各种纺织品的运用使得室内空间更加明亮多彩，其装饰纹样多采用毛茛、忍冬、葡萄等植物纹样和象征基督教的十字架、鸽子等。

课堂讨论

中世纪罗马风建筑的空间构造和室内装饰有何特点？

第三节　哥特风格建筑与空间设计

知识目标

熟悉哥特风格建筑与空间设计。

能力目标

能够对哥特风格建筑与空间设计特色进行分析和总结。

素质目标

提升对哥特风格建筑与空间设计的认知与审美能力。

一、哥特式建筑的风格要素和特征

哥特式建筑是西欧中世纪建筑的最后一个发展阶段。哥特式单体建筑的结构技术是建立在罗马风建筑拱券结构体系的基础上，并将这些建筑结构形式进行有机组合和综合应用，进而形成新的建筑语言。

哥特式建筑总体风格是空灵、纤瘦、高耸、尖峭。哥特式建筑最为突出的特点是尖拱的应用，与先前的半圆形拱券相比，尖拱券的结构独立性较强，对两侧墙体所产生的侧推力较小，其自身跨度调节度较为自由，可以使不同方向上的十字拱券等高，连续设置的尖拱券可以在建筑上部获得一个完整平滑的拱顶。

与尖拱券相配合使用的还有扶壁结构，尤其是墙面中部中空的飞扶壁结构。这种结构起于独立的墙垛，止于尖拱券的拱脚，将拱券结构所产生的侧推力与部分重力传递至侧廊外的墩柱或者地面上，以保证不在建筑内部设置支撑结构，保持内部空间的统一性，如图10-27所示。

飞扶壁

图10-27　拱券与飞扶壁

在新的结构的影响下，哥特式教堂的内部空间以中殿为主，由于中殿采用了尖拱券架构，因而其平面进深往往较长，受到拱顶跨度限制，中殿则宽度较短，同时，中殿高度被不断提高，使得中殿内部空间形成了狭长而高深的形式。侧廊被飞扶壁取代后，侧廊大多只保留一层或干脆取消，使得中殿墙壁可开设窗户，大大改善了室内采光效果。由于建筑高度的大幅增加，中殿两侧墙面的壁柱柱头装饰逐步简化，多为连续的束柱形式，从地面一直冲到拱顶两端的落拱点上，这种柱式的变化使得室内空间的高耸感更加强烈。

由于墙体不再承重，墙面逐渐减至最小，窗的面积与重要性大大提高，窗花格、彩色玻璃画和玫瑰花窗成为哥特式建筑新的设计元素。窗花格是窗洞中的装饰性设计，有时也用于实墙表面装饰，常见的有三叶形、四叶形和五叶形图案。彩色玻璃画靠光的透射产生效果，并随着季节的更替、时间的推移或不同的气候条件产生非常丰富的视觉效果，如图10-28所示。玫瑰花窗是具有一定尺度的圆形花状窗，主要用于教堂中殿西墙和耳堂端墙，效果华丽而生动，通常被认为是哥特式教堂的标志性细部，如图10-29所示。

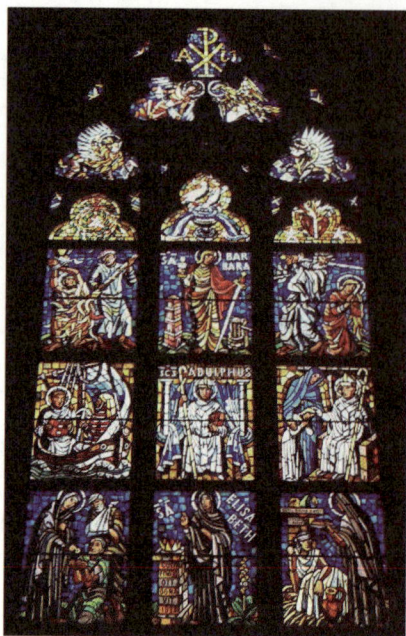

图10-28　哥特式彩窗

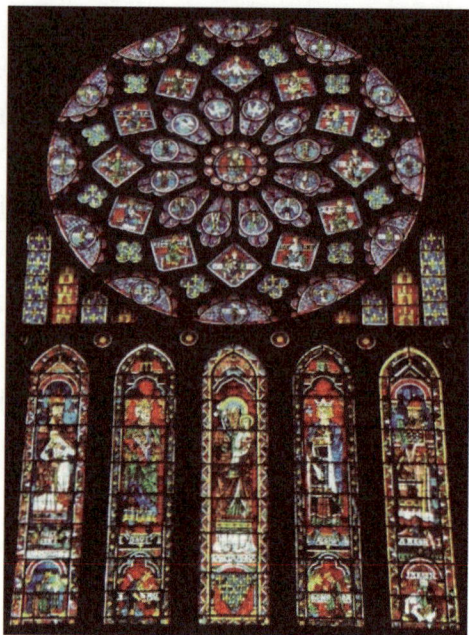

图10-29　玫瑰花窗

二、欧洲各国哥特式教堂建筑空间

（一）法国

法国是哥特式建筑的发源地，法国哥特式建筑以教堂建筑为主，出现了巴黎圣母院、沙特尔大教堂和亚眠大教堂等。

1. 巴黎圣母院

法国巴黎圣母院（见图10-30和图10-31）是早期哥特式教堂建筑的重要实例。圣母院平面呈横翼较短的十字形，坐东朝西，正面风格独特，结构严谨，看上去十分雄伟庄严。

巴黎圣母院正面高69 m，被3条横向装饰带划分为3层：底层有3个桃形门洞，门上于中世纪完成的塑像和雕刻品大多被修整过。中央的拱门描述的是"耶稣在天庭的最后审判"。教堂最古老的雕像则位于右边拱门，描述的是圣安娜的故事，以及大主教许里为路易七世洗礼的情形。左边是圣母门，描绘圣母受难复活，被圣者和天使围绕的情形。拱门上方为国王廊，陈列了旧约时期28位君王的雕像。长廊上面第二层两侧为两个巨大的石质中棂窗子，中间是一个直径约10 m的彩色玻璃窗。第三层是一排细长的雕花拱形石栏杆。正门内侧是纵长方形的大堂，其宽48 m、进深130 m、高35 m，中厅两侧设有两条侧廊，平面十分开阔。教堂内部极为朴素，堂内有许多大理石雕像，在回廊、墙壁和门窗上布满了内容为圣经故事的绘画和雕刻。

图10-30　巴黎圣母院内部空间

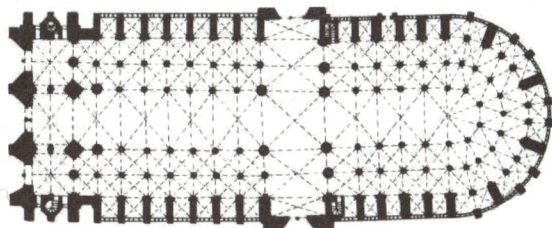

图10-31　巴黎圣母院平面图

2. 亚眠大教堂

亚眠大教堂（见图10-32、图10-33和图10-34）是法国哥特式建筑巅峰时期的代表。亚眠大教堂由3座殿堂、1个十字厅和1座后殿组成。其中，十字厅长133 m，宽62 m，从地面到拱顶内侧高42 m。

亚眠大教堂的外观为尖形的哥特式结构，墙壁几乎被每扇12 m高的彩色玻璃所覆盖。教堂分为3层，巨大的连拱占据了绝大部分空间，拱门与拱廊之间用花叶纹装饰，支撑部分是四根细柱和一根圆柱组成的圆形柱。拱廊背面墙壁两侧开有两个玻璃窗，正面拱门上方拱廊内的每个小拱中饰有6柄刺刀。教堂的唱诗台由4个连拱构成，与殿堂分居十字厅两侧。

图10-32　亚眠大教堂外观

图10-33　亚眠大教堂内部

下篇　外国部分

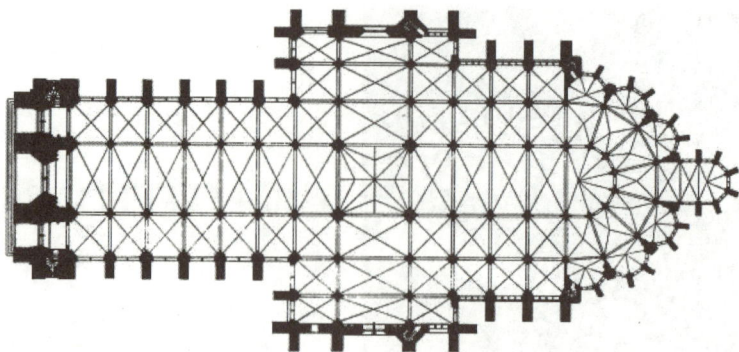

图 10-34　亚眠大教堂平面图

（二）英国

与欧洲其他国家相比，英国的哥特式建筑风格持续时间很长，对于艺术的影响也相对深刻得多，在其后的文艺复兴、新古典主义时期一直存在。从整体平面布局来看，英国哥特式教堂大多拥有两组侧翼，教堂长度进一步加长，在内部形成了一个更加狭长高耸的中殿空间。英国大部分哥特式教堂的后殿都以规整的长方形空间结束，不但使教堂整体形象规则整齐，还使得内部穹顶结构更加规则。

约克大教堂是英国面积最大的教堂，也是世界上设计和建筑艺术最精湛的教堂之一。以石材建造的教堂气势恢宏、工艺精美，历经数百年依然坚实、挺拔，教堂顶部的塔尖像一把把利剑直刺云霄，给人以历史的深邃和庄严感，如图 10-35 所示。教堂圣坛后方，教堂东面有一整片的彩色玻璃，面积几乎相当于一个网球场的大小，是全世界最大的中世纪彩色玻璃窗，它由 100 多个图景组合而成，充分展露了中世纪时玻璃染色、切割、组合的绝妙工艺，而以大面积玻璃支持东面墙壁的建筑功力也令人叹为观止，如图 10-36 所示。

图 10-35　约克大教堂外观

图 10-36　约克大教堂的巨大玻璃窗

拓展阅读

英国哥特式教堂的空间特色

从空间的设置上看，英国哥特式教堂内部最具特点的是集中式束柱的使用，主殿与侧殿之间多使用尖券柱廊分隔，如埃克塞特教堂，如图10-37所示。其另一特点是拱顶部分加入了富于装饰性的拱肋，在拱顶上交织成各种图案，如格洛斯特教堂的内部空间，如图10-38所示。英国哥特式建筑立面没有了法国式的大玫瑰花窗，代之以英国式的尖券窗。

图10-37 埃克塞特教堂内部

图10-38 格洛斯特教堂内部

（三）德国

德国的哥特式教堂横翼部分伸出较大，形成了明显的拉丁十字形平面，并十分强调纵向的线条感。其内部空间多采用简单的尖肋架券，除了结构性的肋架券之外，并无多余的装饰肋。德国哥特式教堂的代表建筑是科隆大教堂，它是欧洲北部最大的哥特式教堂，其中厅使用了尖形肋交叉拱和集束拱，如图10-39、图10-40所示。

图10-39 科隆大教堂外观

图10-40 科隆大教堂内部

（四）意大利

米兰大教堂是世界上最大的哥特式建筑，规模居世界第二。有"米兰的象征"之美称。教堂长158 m，最宽处93 m。塔尖最高处达108.5 m。总面积

11 700 m²，可容纳35 000人。教堂外部的扶壁、塔、墙面都是垂直向上的，其顶部均为尖顶，整体充满着向天空的升腾感，如图10-41所示。教堂正面被6个巨大方柱分隔出5扇铜门，每座铜门上分有许多方格，每个方格内雕刻着教堂历史、神话与圣经故事。每个尖塔上都有精致的人物雕刻，整个建筑外部分布着雕刻精美的窗花格，如图10-42所示。

下篇 外国部分

图10-41 米兰大教堂外观

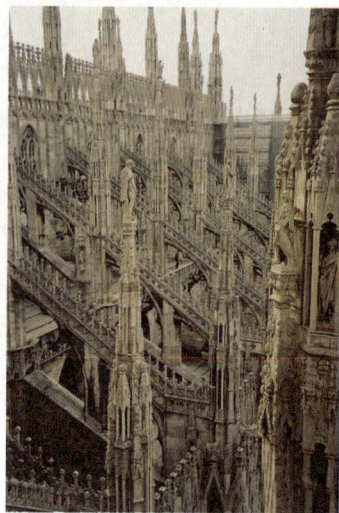

图10-42 教堂外部装饰

米兰大教堂的中厅较长而宽度较窄，两侧支柱的间距不大，中厅高度很高，顶部最高处距地面45 m。宏伟的大厅被四排柱子分开，大厅圣坛周围支撑中央塔楼的四根柱子由大块花岗岩砌叠而成，外包大理石。12根较小圆柱与这些柱子共同支撑着重达14 000 t重的拱形屋顶，柱与柱之间有金属杆件拉结，形成5道走廊，如图10-43所示。

图10-43 米兰大教堂内厅

三、住宅空间设计

中世纪最具典型意义的世俗建筑的内部特征，比较集中地反映在中世纪城堡与庄园宅邸中。其中，最基本和最具典型意义的空间是大厅。起初，大厅是一个多功能空间，白天用于生活起居和社交活动，夜晚可供主人和仆人睡觉。后来，较为隐私和舒适的生活代替了公共生活，大厅只作为举行礼仪的地方，个人的房间成为重心所在。

大厅的墙面采用粉末白灰和水刷颜色，墙面被石膏灰泥或蛋彩画覆盖，粉刷的墙面有时还用彩色线条来装饰，房间内墙仅做简单的白灰粉刷，甚至直接裸露墙体。

陶砖铺地和木装修也是中世纪末得到发展的两种装修新工艺。铺地的陶砖通常施釉，包括黄色、黑色、棕色和绿色等，有正方形和其他规则形状，尺寸从几厘米至30多厘米不等。木装修与木造建筑同步发展，主要包括露明木屋顶和木制护壁。露明木屋顶指木制屋顶框架向室内暴露的屋顶形式，并以雕刻和彩画做进一步的装饰处理。木护壁通常用于房间下部墙体，高1.2～1.5 m。在比较重要的房间内，木护壁会施彩画做进一步装饰。

四、家具与室内陈设

布幔有两种基本用途，即作为墙面的装饰物及作为灵活分隔内部空间的简便手段。在城堡和庄园宅邸中，布幔首先出现在大厅远端的高台处，再被迁入私人卧室中，后来其逐步让位于独幅挂毯。在中世纪，"挂毯"的含义非常广泛，包括与墙面挂毯相配合的大床华盖、窗幔、椅垫，以及床前地毯等。

草席是经济又体面的地面覆盖物，因而在中世纪一直受到欢迎。地毯最初是用于旗帜、桌面与墙面装饰和除地面覆盖之外的其他装饰，至中世纪末，地毯作为地面覆盖物为人们所接受。

◀ 课后实践

哥特风格不仅应用于建筑及室内空间设计，而且还反映在服装、文学及电影艺术上，形成一种被誉为国际哥特风格的艺术形态。搜集相关资料，试举例说明哥特风格在这些领域的应用，并与同学讨论交流。

思 考 题

1．早期基督教、拜占庭风格的教堂空间、室内装饰有哪些特点？试举例说明。
2．中世纪罗马风空间设计在各国的发展如何？其各自都有哪些特色设计？
3．哥特式建筑风格的特征是什么？试举例说明欧洲哥特式教堂建筑空间。

第十一章

文艺复兴时期的室内设计

　　14世纪，以意大利为中心的思想文化领域出现了反对宗教神权的运动，强调一种以人为本、以理性取代神权的人本主义思想，其打破了中世纪神学的桎梏，使人们可以自由而广泛地汲取古典文化的营养，使欧洲出现一个蓬勃发展的新时期，即文艺复兴时期。在建筑与室内设计方面，这一时期最明显的特征就是抛弃了中世纪时期的哥特式风格，而在宗教和世俗建筑上创新地采用体现着和谐和理性的古希腊、古罗马时期柱式的构图要求，古希腊、古罗马的建筑艺术成就成为新的价值典范。

第一节　意大利文艺复兴时期的室内设计

知识目标

熟悉意大利文艺复兴时期的室内设计。

能力目标

能够对意大利文艺复兴时期的室内设计特色进行分析和总结。

素质目标

提升对意大利文艺复兴时期的室内设计的认知与审美能力。

一、意大利文艺复兴时期的室内装饰特色

　　中世纪晚期的意大利已经发展成为欧洲最为富庶和世俗化的地区，出现了一批强大的商业城市，城市中聚集了以工业家、商人、银行家为主体的新兴资产阶级，它们在社会政治生活中逐步取得了主导地位。伴随着新兴阶级的出现，中世纪的世界观和宗教观受到了挑战。在新兴资产阶级眼中，他们更加尊崇和相信人的力量、天赋和才华，重视人的生活权利，这也催生出一批人文主义者。人文主义者向古希腊、古罗马寻求精神支持，大量搜集古代文献、发掘古典文化，并试图使之复兴。作为古罗马人的后裔，意大利人对祖先曾经有过的辉煌感触更为直接，随处可见的古代遗迹为古典文化的复兴提供了有利条件。因此，迫切需要新的社会制度与新文化的新兴资产阶级，以及意大利固有的悠久古典文化，这些共同成为文艺复兴产生的先决条件。

　　文艺复兴风格的建筑设计通常采用具有人文主义内涵的装饰题材，与古希腊、古罗马设计传统相联系的构图与装饰母题，以及符合古典审美趣味的表现形式。意大利文艺复兴建筑的兴起，使得建筑风格由哥特式重新回到了以古典建筑规则为基础的发展道路上来。文艺复兴建筑强调协调比例与审美要求，其室内设计风格因受到古典艺术的强烈影响及新时期人们的要求，也大量采用了"对称"的概念，同时，线脚和带状细部采用了古罗马范例。室内的墙面平整简洁，色彩常呈中性或画有图案，而在装饰讲究的室内，墙面则覆有壁画。顶棚一般由梁架支撑，也有些处理成装饰丰富的方格顶棚，并且顶棚的梁架或隔板常涂有绚丽的色彩。地面常用地砖、陶面砖或大理石进行铺装，图案多为方格或较为复杂的几何形式。壁炉装饰着壁炉框，还有些用巨大的

下篇　外国部分

雕像装饰。文艺复兴时期家具的使用比中世纪更为广泛。用于椅子和长凳上的垫子把强烈的色彩引入室内。床通常带有雕花的床头板、踏足板，四角柱子支撑着顶盖和帘幕，如图11-1和图11-2所示。

图11-1　文艺复兴时期的室内装饰风格1

图11-2　文艺复兴时期的室内装饰风格2

　　文艺复兴建筑风格也是世界建筑史上非常重要的组成部分。古希腊、古罗马建筑文化的复兴大大推进了古典建筑中关于建筑各部分与整体、整体之间，以及建筑与城市之间的比例关系，对此后的建筑发展起到非常深远的影响。文艺复兴思潮在意大利本土的传播与发展非常迅速，而在意大利之外的欧洲其他地区则稍显滞后。当意大利进入文艺复兴的晚期时，英国、法国、德国及西班牙等地还正在经历着各具特色的文艺复兴过程。

二、早期文艺复兴的建筑与室内空间

　　14世纪后半叶，佛罗伦萨出现了文艺复兴建筑与室内设计的萌芽。进入15世纪后，在佛罗伦萨出现了早期文艺复兴的三位大师，即建筑师布鲁内莱斯基、雕刻家多纳泰罗及画家马萨乔。而在建筑与室内设计领域，布鲁内莱斯基、阿尔伯蒂和米凯罗佐带来了巨大的贡献。

（一）布鲁内莱斯基及其作品

　　布鲁内莱斯基是意大利早期文艺复兴建筑的第一位伟大代表。他一生留下许多设计杰作，如佛罗伦萨主教堂圆顶、圣洛伦佐教堂、圣斯皮里托教堂、巴齐礼拜堂及佛罗伦萨育婴院等。

　　佛罗伦萨主教堂圆顶是布鲁内莱斯基最为人所知的作品（见图11-3），也被视为文艺复兴建筑开端的标志。佛罗伦萨主教堂的主体建筑完成后，其穹顶因设计与施工难度太大被遗留。布鲁内莱斯基将大穹顶设计在了沿墙面砌起的一段高约12 m、厚5 m的八角形鼓座上，鼓座的每一面均设计有圆形窗户，为室内采光提供了便利。大穹顶采用了哥特式的二圆心尖拱形式，由于尖拱具有更强的独立性，穹顶本身采用了双层空心结构，由此可大大减小穹顶的侧推力与重力。双层穹顶结构的底部以石材覆盖，上部采用砖砌，使得穹顶自下而上越来越薄。穹顶最上面设计有一座白色大理石采光亭，压在穹顶肋拱收拢环上，从而起到采光与坚固结构的双重作用。

图11-3　佛罗伦萨主教堂圆顶

在圣洛伦佐教堂与圣斯皮里托教堂的设计中，布鲁内莱斯基均采用了拉丁十字形平面布局，在十字交叉处设置穹顶。其中，圣洛伦佐教堂（见图11-4、图11-5）是以其十字交叉处的正方形开间为基本单位，对整个教堂平面按比例进行空间布局安排，教堂内部的中庭连拱廊由罗马拱券组成，侧廊拱顶则由科林斯柱支撑，顶棚则安装有精美的镶板。圣洛伦佐教堂的东北角上有一间老圣器室（见图11-6），其主体空间为一个立方体，圆顶由4个拱券和帆拱支撑，这是典型的拜占庭教堂结构。室内由科林斯壁柱做装饰，并采用圆形（或半圆形）与水平线、垂直线的对比，以及白色与灰色的对比设计来丰富室内视觉效果。

巴齐礼拜堂被视为15世纪上半叶最动人的教堂设计之一。该礼拜堂中的柱廊、穹窿、壁柱、半圆拱券和檐梁等按照严谨的几何比例和模数关系进行组织，营造出了朴素且颇具现代感的设计效果，如图11-7所示。

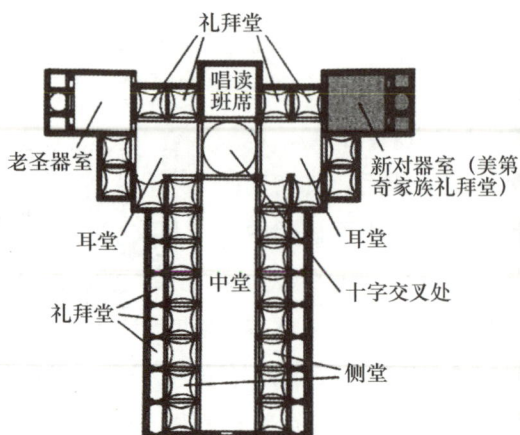

图11-4　圣洛伦佐教堂平面图

图11-5　圣洛伦佐教堂室内

图11-6　圣洛伦佐教堂老圣器室

图11-7　巴齐礼拜堂

（二）阿尔伯蒂及其作品

阿尔伯蒂是著名的早期文艺复兴艺术理论家和建筑师，无论在理论还是实践领域，阿尔伯蒂均取得了巨大的成就。在建筑理论领域，阿尔伯蒂的著作《论建筑》一书为其赢得了西方建筑理论之父的盛誉。在《论建筑》一书中，阿尔伯蒂阐述了自己对古典建筑原则的理解，他认为建筑是一个由线条和材料构成的有机体，线条产生于思想，而材料则来自于大自然。同时，该书还对建筑装饰、比例理论及公共建筑与私家建筑等进行了深入探讨。此外，该书与流传至当时的《建筑十书》有着密切的联系，《建筑十书》中包含了许多古希腊术语，而阿尔伯蒂是当时唯一能够系统理解该书内容的建筑师。

知 识 链 接

《建筑十书》

《建筑十书》是公元前1世纪后期罗马工程师维特鲁威论述城市规划、建筑设计基本原理和建筑构图原理，总结古希腊建筑经验和当时罗马建筑经验的著作。该书提出了建筑学的基本内涵和基本理论，建立了建筑学的基本体系；主张一切建筑物都应考虑"适用、坚固、美观"，提出建筑物"均衡"的关键在于它的局部。此外，在建筑师的教育方法和修养方面，特别强调建筑师不仅要重视"才"，而且更要重视"德"。这些论点直到今天还有指导意义。该书撰于公元前32—22年间，是现存最古老且最有影响的建筑学专著。

在建筑实践领域，圣塞巴斯蒂亚诺教堂和圣安德烈亚教堂是阿尔伯蒂的代表作品。圣塞巴斯蒂亚诺教堂是文艺复兴时期第一座希腊十字式教堂，室内采用了古希腊神庙柱廊。圣安德烈亚教堂（见图11-8）的平面为拉丁十字形，十字交叉处有一个穹顶。在教堂室内空间布局的设计中，显示出设计师试图使用古罗马浴场与巴西利卡设计模式来满足教堂需求的尝试。教堂内壁装饰以半圆拱门窗套、壁柱、檐梁构成的"建筑性框架"和填充于其中的大面积壁画组成。宏伟简洁的空间形态、工整精致的格子顶棚、比例严谨的装饰构图，使得教堂给人一种十分壮丽的感觉。

（三）米凯罗佐及其作品

米凯罗佐是布鲁内莱斯基的学生，是佛罗伦萨住宅建筑设计领域颇有建树的建筑师。米凯罗佐主要为美第奇家族服务，他设计的美第奇—里卡尔第府邸是文艺复兴时期最重要的建筑之一，也为之后的城市住宅设计奠定了基调。

美第奇—里卡尔第府邸（见图11-9）的平面为方形，科林斯柱上承接连续的拱券，环绕着对称布局的中央庭院。其外立面为3层，底层原为敞廊环绕，后改为厚重的墙壁。中央入口通道引向正方形院落，院落轴线上有一个中央出入口通向后院的花园。

图11-8　圣安德烈亚教堂

图11-9　美第奇—里卡尔第府邸

三、盛期文艺复兴的建筑与室内空间

15世纪末期，意大利建筑艺术的中心向罗马转移，一批一流的建筑师与艺术家们创造了文艺复兴艺术的黄金时期，文艺复兴风格的设计也进入了成熟期。这一时期的建筑更加强调古典比例与古典美感，多采用均衡的、对称的平面，内部空间多由立方体、球体、半球体及半圆筒体等几何形态构成，追求宏大的规模和丰富的装饰。

（一）伯拉孟特及其作品

伯拉孟特是文艺复兴盛期的一位建筑师。他创造出该时期十分著名的两座传世杰作，即坦比哀多小教堂和新圣彼得大教堂。

坦比哀多小教堂（见图11-10）被誉为盛期文艺复兴的第一件标志性作品。教堂修筑于罗马蒙托里奥圣彼得修道院的庭院内，采用了古代周柱式圆形神庙形式，下层一圈为多立克柱式，柱上楣是纯粹的古典形式，第二层上设计了环绕的栏杆，并在建筑主体上加盖了圆顶。小教堂是希腊圆形神庙的端庄优雅与罗马圆顶的富丽堂皇完美结合的作品。

新圣彼得大教堂始建于16世纪初，用以代替当时已有1 100年历史的巴西利卡式圣彼得大教堂。起初，该教堂由伯拉孟特负责设计与建造，但在长达一个世纪的建造过程中，有多位文艺复兴大师参与其中，如拉斐尔、小桑加洛、米开朗琪罗、丰塔纳、马代尔诺及贝尔尼尼，大教堂的设计也是几易其稿。最终建成的新圣彼得大教堂总长213.4 m，主穹窿直径41.9 m，内部顶点距地面

123.4 m，达到古罗马万神殿高度的3倍。其内壁装饰设计也十分华丽，巨幅壁画、灰墁浮雕及大理石或青铜圆雕遍布室内空间，如图11-11所示。

图11-10　坦比哀多小教堂

图11-11　新圣彼得大教堂内部

（二）拉斐尔及其作品

拉斐尔是文艺复兴三巨人之一，他不仅在绘画领域确立了古典思想，在建筑与室内设计领域也颇有建树。拉斐尔的设计多偏爱平面化的视觉构图，在均衡中求变化，产生一种恬静端庄的效果。在其设计并建造的马达马别墅中，拉斐尔在别墅立面利用灰泥制作了许多装饰浮雕，模仿出罗马时期尼禄皇帝金宫的效果。在其设计的基吉礼拜堂中，室内装饰了昂贵的彩色大理石和色彩鲜明的壁画，运用了极为丰富的几何形状，特别是古埃及金字塔形状的引入，使得室内装饰构图富于变化却不失和谐。

知 识 链 接

拉斐尔

拉斐尔是"文艺复兴后三杰"中最年轻的一位，代表了文艺复兴时期艺术家从事理想美的事业所能达到的巅峰。他性情平和、文雅，创作了大量的圣母像，他的作品充分体现了安宁、协调、和谐、对称，以及完美和恬静的秩序。图11-12和图11-13所示为其自画像和油画作品《西斯廷圣母》。

图11-12　拉斐尔自画像

图11-13　拉斐尔油画作品《西斯廷圣母》

（三）小桑加洛及其作品

小桑加洛设计和修筑了法尔尼斯府邸。他采用早期佛罗伦萨住宅的方式，即以巨大的对称体量环绕一个方形的院落（见图11-14）。建筑的底层和中层为连续的拱廊，底层采用多立克柱式，中层为爱奥尼柱式。建筑的第三层由米开朗琪罗接手后，取消拱券，将原来的科林斯柱式的设计改为壁柱，兼作窗户的窗框，在窗户顶部装饰曲线形的山花。

后楼中央的主楼层是卡拉西画廊，室内的筒形拱顶棚完全被神话色彩浓厚的绘画覆盖，壁画均绘有模拟建筑细部的画框（见图11-15）。墙壁上布置着壁龛和壁柱，各种呈现出三维效果的雕饰也皆是绘制而成的。以壁画布满房间的做法在文艺复兴时期非常普遍。

图11-14　法尔尼斯府邸内院

图11-15　法尔尼斯府邸的天顶画

四、晚期文艺复兴的建筑与室内空间

16世纪中叶，建筑设计的发展进入了一个以古典元素为基础的稳固体系，这种稳固的程式化令部分艺术家和设计师对其带来的过度束缚感到不满。在设计中，个人的意志逐步突显出来，并且在细节的应用上突破了早期的规则。这就导致晚期文艺复兴风格中带有明显的"手法主义"倾向。

提示

"手法主义"是当时一些批评家形容那些因模仿米开朗琪罗晚期创作"手法"而误入歧途的画家们的一个词。在今天看来，"手法主义"是介于盛期文艺复兴设计与巴洛克设计之间的一种过渡形式。

（一）米开朗琪罗及其作品

米开朗琪罗是文艺复兴时期最伟大的人物之一，在雕刻、绘画和建筑领域成就斐然。他在建筑中多追求建筑构件饱满的体积感和形状的张力，并认为建筑和雕刻是不可分割的整体。

知识链接

米开朗琪罗

米开朗琪罗是意大利文艺复兴时期伟大的绘画家、雕塑家、建筑师和诗人，是文艺复兴时期雕塑艺术最高峰的代表，与拉斐尔和达·芬奇并称为文艺复兴后三杰。他一生追求艺术的完美，坚持自己的艺术思路。他的风格影响了几乎3个世纪的艺术家，图11-16和图11-17所示为其画像和雕塑作品《哀悼基督》。

图11-16　米开朗琪罗画像

图11-17　米开朗琪罗雕塑作品《哀悼基督》

在佛罗伦萨的圣洛伦佐教堂内，与布鲁内莱斯基设计的老圣器室对称的位置，米开朗琪罗设计了一个新圣器室，其平面呈现简单的正方形，带一个小的方形过厅，穹顶放在帆拱之上。室内大致仿照老圣器室的形制，只在装饰处理手法上有所区别，黑灰色石材制成的壁柱和线脚在白墙的衬托下十分醒目，如图11-18所示。

在圣洛伦佐教堂内，米开朗琪罗还设计了一座图书馆（见图11-19），其深色的建筑构件与白色的墙面形成对比，同时，巨大的、成对的大理石圆柱沉入墙壁之中，柱下是作为装饰的涡卷形托石，使其产生宫廷立面般的雄伟效果。图书馆中最富创造性的是通向阅览室的大楼梯，通过楼梯即可进入主阅览大厅。

图11-18　圣洛伦佐教堂新圣器室

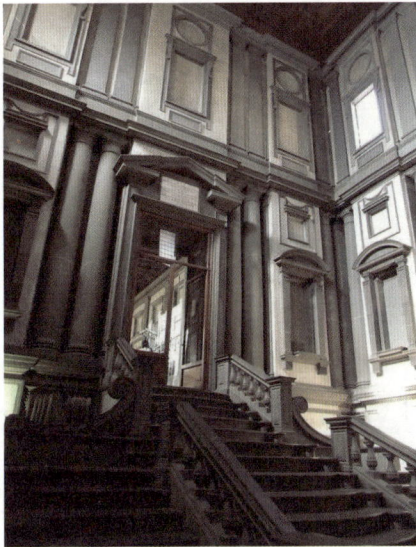

图11-19　圣洛伦佐教堂图书馆

下篇　外国部分

177

（二）罗马诺及其作品

罗马诺是拉斐尔的学生，其设计的泰宫（德尔特府邸）是手法主义的典型代表。泰宫位于曼图亚郊外，是一座夏宫，其平面是一个庞大的中空正方形，四面房屋环绕着一个中心庭院，东面设有一个花园。泰宫的设计不拘成法，其主入口设在北面而非中轴线上。从外部来看，西部主体建筑的3个立面构图各不相同，北面入口两侧的窗户也不完全对称，带有随意性和偶然性。进入中央庭院，面对庭院的4个立面都沿袭了文艺复兴的古典设计形式，但每一个立面都表现出奇怪的不规则性，转而采用具有韵律或者设计师精心制造的"错误"。罗马诺的手法主义在室内设计中体现得更为明显，他将绘画、灰泥浮雕和建筑物融为一体，营造出一种强烈的视觉冲击力，如图11-20和图11-21所示。

图11-20　泰宫（德尔特府邸）室内

图11-21　泰宫（德尔特府邸）巨人厅

（三）帕拉第奥及其作品

帕拉第奥是意大利文艺复兴最后一位设计大师。他的建筑理论被认为是17世纪古典主义建筑原则的奠基者。帕拉第奥一生著作颇丰，其中最有影响力的是《建筑四书》，该书不仅有重要的理论价值，其中大量的精美插图具有直观的可模仿性，书中所阐述的古典建筑的基本原理被奉为设计准则。帕拉第奥主张建筑应服从理性，并遵循古代不朽之作所体现的准则。他重视对各种和谐比例的研究与使用，提倡谨慎地选用古典形式要素和装饰纹样。他本人的设计通常与构图均衡、细部严谨等特点联系在一起。

帕拉第奥主持了对维琴察老市政厅的改造与加固。老市政厅是一座破旧的中世纪巴西利卡建筑，设计师在原建筑外加建了两层敞廊，敞廊的高度接近原建筑的檐部，起到遏制屋顶侧推力的作用。拱券放在壁柱之间，底层使用多立克柱式，上部为爱奥尼柱式。在每一个开间内，拱券都落在两颗独立的小柱上，小柱和大壁柱隔开约1 m的距离，使两者之间留下了一个长条形空当，如图11-22所示。这种在开敞拱券两侧各带一个矩形空当的布置方式，是立面构图处理中柱式构图的重要创造。

帕拉第奥还设计有若干别墅。其中最负盛名的是位于维琴察的圆厅别墅（见图11-23）。该别墅平面工整对称，采用希腊十字形，4个立面均带有希腊式门廊，成对称布局的房间围绕着中央圆形大厅。中央圆形大厅上覆盖着罗马式半穹窿顶，内部的视觉环境特征与高大的空间、大尺度的拱门、壁柱、山花、壁画及圆雕联系在一起。

图11-22　维琴察老市政厅

图11-23　维琴察的圆厅别墅

课堂讨论

你还知道哪些文艺复兴时期的文学、美术等其他领域具有代表性的人物和作品？

第二节　其他国家文艺复兴时期的室内设计

知识目标

熟悉英国、法国和西班牙等国家文艺复兴时期的室内设计。

能力目标

能够对英国、法国和西班牙等国家文艺复兴时期的室内设计特色进行分析和总结。

素质目标

提升对英国、法国和西班牙等国家文艺复兴时期的室内设计的认知与审美能力。

一、法国的文艺复兴

15世纪下半叶，意大利的宫廷文化引起了法国王室和贵族的强烈兴趣，兴起了法国文艺复兴之端。16世纪是法国文艺复兴发展的早期，这是法国哥特式建筑发展为文艺复兴风格的过渡时期，其主要体现于把文艺复兴建筑的细部装饰用于哥特式建筑上。路易十三、路易十四时期是法国文艺复兴发展的高潮期，此时文化、艺术、建筑飞速发展，极力崇尚古典风格，建筑造型严谨华丽，普遍应用古典柱式。路易十五时期是法国文艺复兴发展的晚期，此时兴起舒适的城市住宅和精巧的乡村别墅。

下篇　外国部分

法国早期文艺复兴室内作品有商堡内的宫廷狩猎楼及阿塞·勒·李杜府邸。其中，狩猎楼平面规整对称，券、壁柱及脚线上有着文艺复兴设计概念的装饰细部。室内主要的组成部分是一个开敞的交流空间，中间设有希腊十字形的前厅，其中心有2个螺旋楼梯，连接主要的楼层和屋顶。楼梯支柱顶部带有爱奥尼柱头，拱顶为方格形藻井，如图11-24所示。

枫丹白露王宫最初是一座中世纪的皇家狩猎别墅。在其改建过程中，意大利著名画家普里马蒂乔和雕塑家罗索先后承担了枫丹白露王宫的室内装饰设计工作。枫丹白露王宫中的弗朗索瓦一世画廊是一处狭长的室内空间，采用檐壁式装饰性墙面，墙体下部为高高的雕花木镶板墙裙，上部檐壁由置于一系列灰墁浮雕画框中的彩画组成。大理石墙面是意大利式的，墙面上嵌有镶在灰墁雕花画框中的彩画。顶棚吊顶采用浅浮雕灰墁手法，如图11-25所示。总的来说，虽然普里马蒂乔和罗索引入了意大利的装饰手段与母题，但枫丹白露王宫的装饰手法是更侧重于表现情绪与技法的手法主义。

图11-24　商堡府邸

图11-25　枫丹白露王宫

二、英国的文艺复兴

英国在艺术上受意大利文艺复兴风格的影响比较晚。在文艺复兴最早出现的都铎王朝，英国建筑还大多保持着特有的乡土气息，意大利式的细部只用于装饰门、壁炉及家具。这一时期的建筑仍保留着中世纪哥特传统，一般有石板、陶砖或木质地板，室内家具较少。

1558年，英国击败了西班牙，确立了其海上霸权的地位，最终完成了殖民统治。此时英国的建筑及室内设计逐步由都铎风格向伊丽莎白风格过渡。这一时期的府邸建筑大多尺寸宏大、布局紧凑，整体平面呈对称格局，在面向花园的一面常设有意大利式的凉廊及凉廊上方连接翼楼的长廊，并将其作为整个府邸的装饰重点。哈德维克府邸代表了这一时期英国住宅装饰设计的顶峰。其长厅位于府邸的顶层，右侧开间内巨大的窗户令光线照亮了整个房间，顶棚带有石膏细条图案，墙壁覆盖着挂毯，壁炉和烟囱的腰部以上是意大利风格的石工装饰，如图11-26所示。

图 11-26　哈德维克府邸的长厅

三、西班牙的文艺复兴

在西班牙，自从格拉纳达的查理五世在阿尔汗布拉宫采用了意大利文艺复兴思想，以及腓力二世在埃斯科里亚尔的修道院城堡中采用意大利式的壁画和装饰之后，一种模仿银制餐具的华丽装饰为特征的风格（即银匠风格）就广泛应用于 16 世纪西班牙的建筑和室内设计中。银匠风格主要指西班牙早期文艺复兴风格，如格拉达纳主教堂（见图 11-27）的细部装饰，带有古典线脚、柱头与巨大的铁制屏风或格栅，体现了西班牙当时室内金属工艺的精湛特性。西班牙还出现了一种称为严谨装饰风格的设计，以埃斯库里阿尔宫为代表，如图 11-28 所示。

图 11-27　格拉达纳主教堂

图 11-28　埃斯库里阿尔宫

课堂讨论

图11-29所示的文艺复兴时期的室内设计表现出了哪些特色？现实生活中，你见过哪些与其类似的室内设计？

图11-29　文艺复兴室内设计

第三节　文艺复兴时期的家具及室内陈设

知识目标

熟悉文艺复兴时期的家具及室内陈设。

能力目标

能够对文艺复兴时期的家具及室内陈设特色进行分析和总结。

素质目标

提升对文艺复兴时期的家具及室内陈设的认知与审美能力。

一、家具

文艺复兴时期的建筑与室内装饰给家具的发展带来了极大的影响，家具上也采用了雕刻、镶嵌、绘画等装饰技术。

《圣厄休拉传奇》一画中描绘了一个装饰华美的卧室，圣人睡在一张整洁且大小合适的床上，床有精美的床头板，四角有高高的杆子，杆子支撑着上部的一个顶棚。屋里有一个小书橱、一个凳子拉向桌子、一个壁炉式烛台，还有一个书架上放着一本翻开的书。门框、窗的细部和线脚显示出早期文艺复兴细部极为精美的品质，如图11-30所示。

图11-30　《圣厄休拉传奇》

　　在意大利，贵族们一般都使用装饰豪华、造型丰富的椅子，扶手椅的坐垫和靠背都覆盖上垫子。如一种名为"卡萨邦卡"的长座椅一般都固定于地板上，上面雕有装饰花纹，用于会客或各种礼仪性场合。精雕细刻的木制家具、色彩绚烂的巨大桌面，以及细木工嵌饰的橱柜门，共同构成了佛罗伦萨家具的流行时尚，如图11-31和图11-32所示。

图11-31　意大利文艺复兴时期家具1

图11-32　意大利文艺复兴时期家具2

　　西班牙室内家具是在意大利文艺复兴早期风格的基础上发展起来的，椅子、桌子及箱子是当时常见的品种，材质多为核桃木、橡木、松木或杉木等。英国该时期的家具更多引进了雕刻与装饰细部，通常使用橡木、紫杉木、栗木等。

二、室内陈设

　　文艺复兴时期的室内陈设主要包括挂毯、纺织品、陶瓷玻璃器皿和金属工艺品等。挂毯除用于装饰壁面外，还具有吸湿、调温等功能，装饰时多为数件一组。丝织品也是文艺复兴时期最流行的织物，采用大尺寸的编织图案，带有浓烈的色彩。天鹅绒和锦缎占据着早期文艺复兴的主

下篇　外国部分

流，到16世纪，织锦和凸花厚缎也逐渐得到广泛应用。

此时，各种尺寸的油画在公共和私人建筑的室内装饰中占据着重要地位，形成了文艺复兴时期的室内设计风格，特别是在威尼斯和佛罗伦萨。佛罗伦萨的韦基奥宫的室内装饰以绘画和雕塑结合著称。

陶瓷用品在意大利流行一种名为"玛裘黎卡"的风格，上有各种榭叶、孔雀羽毛，以及几何图形装饰纹样。

▼ 课后实践

结合本章所学，并上网搜集资料，全面总结文艺复兴时期欧洲各国的室内设计发展特色，同时，对文艺复兴时期的室内设计要素（如结构、图案、纹样、色彩等）进行提炼与绘制。

思 考 题

1. 意大利文艺复兴的早期、盛期及晚期的室内设计各有什么特点，有哪些代表作品？

2. 法国、英国、西班牙的文艺复兴时期的室内设计有哪些代表作品？各自有什么特点？

3. 文艺复兴时期的家具及室内陈设的特色是什么？

第十二章

欧洲17世纪和18世纪的室内设计

17世纪至18世纪，欧洲的建筑与室内设计先后孕育并发展出了巴洛克风格、洛可可风格和新古典主义风格。这些风格由发源地向四周辐射，所到之处又激起了不同反应，从而产生或衍生出不同的事物，进一步充实和丰富了欧洲的室内设计史。

第一节 意大利的巴洛克设计风格

知识目标

熟悉意大利的巴洛克设计风格。

能力目标

能够对意大利的巴洛克设计风格特色进行分析和总结。

素质目标

提升对意大利的巴洛克设计风格的认知与审美能力。

一、巴洛克的风格要素

巴洛克一词最早源自文艺复兴晚期的批评家们，用以形容一种不合古典规范的艺术作品风格。如今，"巴洛克"一词已经成为一个中性的艺术史分期概念。巴洛克风格发端于罗马，最初是一种罗马和罗马教皇的风格，17世纪下半叶，室内设计艺术趣味的中心由意大利转向了法国，并逐步成为其他欧洲国家的官方艺术形式。

巴洛克艺术崇尚豪华，具有浓厚的享乐主义和浪漫主义色彩。宗教题材在巴洛克艺术中占有主导的地位。巴洛克艺术强调运动与变化，关注作品的空间感与立体感；还强调艺术形式的综合运用手段，在建筑上重视建筑与雕刻、绘画的结合。此外，巴洛克艺术还吸收了文学、戏剧、音乐等领域的因素及与其相关的想象。

二、意大利的巴洛克建筑设计风格

（一）圣彼得大教堂

圣彼得大教堂的建造过程长达百余年，其最初的设计者是伯拉孟特和米开朗琪罗。设计师马代尔诺在接手了圣彼得大教堂的设计后，对米开朗琪罗的设计方案进行了修改，增加了中堂的3个开间，增建了门廊和西立面。立面中央入口处的柱距较为紧凑，而两边则逐渐宽阔。入口、门洞和窗户均向内退缩，使得墙壁和柱式凸出，形成了丰富的节奏感和光影变化。此时的教堂室内长187 m，中堂与侧堂宽58 m，耳堂宽140 m，中堂最高处达到了46 m，圣彼得大教堂也成为天主教规模最大的教堂，如图12-1所示。

马代尔诺去世后，其学生贝尼尼成为圣彼得大教堂的设计师。由于教堂的内部空间过大，身

下篇 外国部分

处其中的人们很难看到圣坛上的穹顶，为此，贝尼尼在穹顶上设计了高逾30 m的圣坛华盖，从而使信徒和建筑之间建立起有形的联系。圣坛华盖由青铜铸造而成，4根类似科林斯式的柱子扭曲上行，承托着华盖顶。华盖上缀满了天使、藤蔓和人物，其顶端设镀金十字架，由S形半券支撑，如图12-2所示。

图12-1　圣彼得大教堂

图12-2　圣彼得大教堂祭坛上的华盖

拓 展 阅 读

贝尼尼与巴洛克雕塑

　　巴洛克雕刻是建筑的一部分，艺术家表现真实人间的技法臻于成熟完美，其根据主体的男女老幼，表现出的人的皮肤外观，卷发、衣饰、织物的质感都很逼真。在巴洛克雕刻中动势的展现是其最重要的特点，人物不再被雕成静止或休息的姿态，而总是处于运动之中。贝尼尼是巴洛克风格的代表人物，也是17世纪最伟大的艺术大师。贝尼尼主要的成就在雕塑和建筑设计，另外，他也是画家、绘图师、舞台设计师、烟花制造者和葬礼设计师。贝尼尼塑造的人物总是处于激烈的运动中。大理石在他手中好像已失去了重量，人物的衣服总是随风轻轻飘起，给人以一种轻快、活泼和不安的感觉。贝尼尼刻画的人体的数量不亚于米开朗基罗，而他更善于表现戏剧性的情节和人体在激烈的运动之中。图12-3所示为贝尼尼画像，图12-4所示为其雕塑作品《阿波罗与达芙妮》。

图12-3　贝尼尼画像

图12-4　雕塑作品《阿波罗与达芙妮》

（二）圣卡罗教堂

罗马城内有数量繁多的教区小教堂，其中最富有想象力的作品是博罗米尼设计的圣卡罗教堂（见图12-5和图12-6），教堂整体设计充满了波动的曲线、折面和闪烁的光。室内采用希腊十字和椭圆形平面的结合，内部两侧都有波浪状的曲面，随着人的位移，空间也不断地在运动变化。弯曲的墙面、起伏的山花覆盖着祭坛和侧面的圣坛，连同各种复杂的穹顶，使得整个空间充满了活力。

图12-5　圣卡罗教堂外部

图12-6　圣卡罗教堂内部

（三）圣洛伦佐教堂

设计师瓜里诺·瓜里尼将巴洛克手法引入到意大利北部地区，都灵的圣洛伦佐教堂就是其作品之一。圣洛伦佐教堂属于皇家宫殿建筑类型，这座教堂的体量是一个大方块加上一个突出的小方块，小方块内是圣坛，大方块内平面凹凸不平，是由各种形状（如希腊十字、八边形、圆形及其他复杂形状）叠加成的曲线形。整个室内都被华丽的巴洛克式建筑与雕刻装饰覆盖着，如图12-7所示。穹顶（见图12-8）由8个相互交叉的券肋组成，中间留着一个八角形洞口，上面设有采光亭。8个椭圆形和8个小五边形窗户镶嵌在拱券之间，采光亭上也有8个窗户，顶端冠以带有8个小窗户的穹顶。

图12-7　圣洛伦佐教堂内部

图12-8　圣洛伦佐教堂的穹顶

三、意大利巴洛克式室内空间及家具陈设

（一）教堂的室内空间

天主教堂是巴洛克风格的代表性建筑物。此时的教堂形制严格遵守简单朴素的规定，以罗马的耶稣会教堂为蓝本，一律用拉丁十字式，把侧廊改为几间小礼拜堂。其室内大量装饰着壁画和雕刻，处处是大理石、铜和黄金。室内壁画常使用透视法延续、扩大建筑空间；壁画色彩鲜艳明亮，对比强烈；构图动态剧烈，如图12-9所示。

（二）府邸的室内空间

巴洛克风格的府邸空间设计采用了一些新的手法，其进一步发展了文艺复兴时期使室内外空间流转贯通的做法。在罗马的巴波利尼府邸，底层有一间进深三开间的大厅，面阔七间，第二进五间，第三进三间，其平面近似三角形。都灵的卡里尼阿诺府邸，以门厅为整个府邸的水平交通和垂直交通枢纽。其门厅为椭圆形，有一对完全敞开的弧形楼梯靠着外墙，形成立面中段波浪式的曲面，从而进一步说明当时室内设计水平的提高。

图12-9　巴尔贝利尼宫天顶壁画

（三）家具与室内陈设

巴洛克式家具与文艺复兴时期的家具风格类似，但因巴洛克式设计只为权贵服务，故其家具更显精美。厢形家具的基本形式是门上或抽屉正面有曲线或圆鼓形的装饰。家具腿端部变成脚状，或通过水力车床做成圆球或瓶子的形式，如图12-10所示。雕刻图案有植物、人像，扶手表面也刻有一层装饰花纹。家具的附加装饰多镀锡、银、青铜或金。橱柜顶端可能采用彩色的大理石。坐式家具的垫子边缘都带有花边、穗带或装饰钉，下面用带有曲线形状的木框承托，如图12-11所示。

图12-10　意大利巴洛克橱柜

图12-11　巴洛克风格坐式家具

与文艺复兴时期相比，巴洛克风格抛弃了哪些要素？继承与追求哪些要素？

第二节　法国的巴洛克、洛可可和新古典主义设计风格

知识目标

熟悉法国的巴洛克、洛可可和新古典主义设计风格。

能力目标

能够对法国的巴洛克、洛可可和新古典主义设计风格特色进行分析和总结。

素质目标

提升对法国的巴洛克、洛可可和新古典主义设计风格的认知与审美能力。

一、路易十四时期的室内设计风格

路易十四时期的法国巴洛克设计并不像意大利巴洛克计划所表现出的极端复杂与精巧，即使是最为丰富、浓重的装饰，也在某种程度上较为内敛，强调逻辑和秩序，体现出雄伟庄严的特征。

（一）恩瓦立德教堂

路易十四时期最著名的教堂是恩瓦立德教堂，教堂呈集中式平面，中厅覆盖有高敞的大穹顶，室内除带有镀金边框的彩绘镶板与穹顶上的绘画外，主要使用灰色石材。窗户设在穹顶下的鼓座上，创造出空间与光的戏剧性效果，如图12-12所示。

图12-12　恩瓦立德教堂穹顶

（二）凡尔赛宫

凡尔赛宫是路易十四风格最重要的代表作品。凡尔赛曾经是路易十三的一座小猎庄，在路易十四时期对其进行了改建，包括建造宫殿、花园和城市大道，使其最终成为西方最大的宫殿园林。凡尔赛宫保留了原来的旧猎庄，并以此作为新宫的中心，向四周延伸扩建，形成一个朝东敞开的阶梯状连列庭院。

凡尔赛宫内部装饰富丽堂皇、色彩绚丽。室内铺设大理石墙面及地面，采用石膏、绘画等装饰工艺，室内家具多为青铜、金、银等材质。其中有一个可俯瞰花园的画廊式镜厅，其长度为76 m，一侧开有17樘落地长窗，另一侧墙上正对着窗户安装了17面金丝纤草装饰的大镜子。玻璃与镜面、两厢陈列的雕塑、顶棚垂下的枝形水晶灯，以及镜面两侧的壁灯交相辉映，如图12-13所示。在墙面与顶棚的交接处，有用双涡卷形托石加以装饰的檐壁，被称为"勒布伦式檐壁"，是当时很流行的一种法式装饰方法。

加建于1689年的皇家礼拜堂，其底层为券廊，上层为科林斯柱廊，彩绘的拱券顶上设有高侧窗，室内大量使用白色与金色，地面是以大理石铺就的几何图案，如图12-14所示。

图12-13　凡尔赛宫镜厅

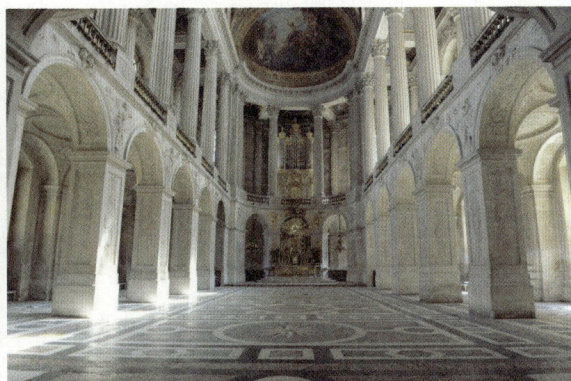

图12-14　皇家礼拜堂

（三）室内装饰与陈设

路易十四时期的家具与当时的宫殿、府邸一样，尺寸巨大、质地厚重、装饰丰富。橡木与胡桃木是当时常用的木材，同时还用一种镶嵌细工，镀金或银来装饰，如图12-15所示。椅子一般为方形，带有扶手、垫子和靠背，较为厚重。

照明的枝形烛台用金属、雕花木头及水晶进行各种方式的组合。镜子采用雕花和镀金边框。钟成为深受当时贵族喜爱的装饰要素，其价值在于装饰，而非计时，以显示地位尊贵，如图12-16所示。

在室内装饰中，织锦挂毯占有重要的地位，其他的墙面织物还有茶色哔叽面料、缎子和天鹅绒。除了昂贵的大理石地面外，拼花木地板也较常见。壁炉造型的重要性开始减弱，壁炉台向房间中的凸出减小，形成窄窄的壁炉架或与墙面取平，壁炉台上方墙面常以大幅壁画或镜画装饰。

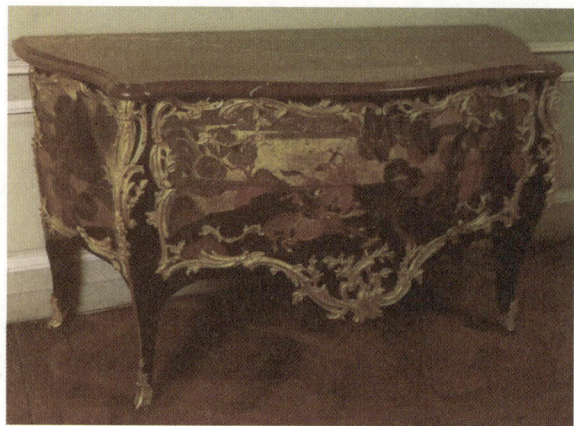

图12-15 法国路易十四时期的衣柜

图12-16 音乐钟

二、摄政时期和路易十五、路易十六时期的室内设计风格

洛可可风格可称为典型的宫廷风格，整体表现出精致优雅、柔美纤细和轻松舒适的特征。这种风格的室内装饰最早出现在法国。墙壁嵌板、灰泥制品及家具上饰以精美的阿拉伯式蔓藤图案，取代了不对称的雕刻或彩绘装饰。

拓展阅读

与洛可可密不可分的蓬巴杜夫人

蓬巴杜夫人是一位喜好艺术但又缺乏深沉品味的贵妇人，她主持的艺术沙龙一度左右了整个宫廷的趣味，与推动洛可可风格的形成不无关系。后来，杜巴丽夫人也参与其中，致使美化妇女成为压倒一切的艺术风尚。图12-17和图12-18分别为蓬巴杜夫人和杜巴丽夫人画像。

图12-17 蓬巴杜夫人画像

图12-18 杜巴丽夫人画像

法国洛可可室内风格的发展首先出现在路易十四的外甥奥尔良公爵成为摄政王时期。这一时期的室内设计与装饰体现出了早期洛可可的特征，房间尺度减小，空间多为规整的方形，墙面呈完整的竖向构图，全木镶板的墙面大量出现，用木地板铺装地面等。室内装饰以壁炉架为中心，壁炉架上设有高高的镜子，窗间壁台上方有壁镜与之呼应，壁炉多由白色或彩色大理石制成，带有富丽的镀金铜底座。线状装饰成为室内装饰的主要特征。

路易十五时期至18世纪中叶，法国的洛可可风格得到充分发展。室内装饰以柔美细腻为特征，全木镶板墙面多使用白、粉红、淡蓝、淡绿、淡黄等颜色。墙面线性装饰丰富，常见蚌壳、涡卷、植物曲线等装饰母题。门框与窗子都带有圆或椭圆形的上框，又或是压低的拱形框，窗台不断地降低甚至与地面水平而成为落地窗。法国洛可可风格的室内设计很少使用强烈的色彩来装饰墙壁，绘画作品常常被安排到预定的位置，绘画闪烁的色彩和珍珠般的色调被优雅的白色、金色墙壁背景完美地衬托出来。此时的家具设计中几乎所有构件都呈曲面，这些曲面本身又有着丰富精致的装饰，如镀金、雕花、彩绘、镶嵌等。

1735年，勃夫杭设计了苏俾士府邸的公主沙龙，客厅的室内空间配以十分复杂的装饰手法，墙面基本呈白色，顶棚呈现蓝色。窗户、门、镜子和绘画周围都被镀金的洛可可细部装饰环绕着，白色的丘比特在镀金的花丛和贝壳装饰间，房间中陈设有大理石基座的装饰钟，巨大的枝形水晶花灯悬挂在房间中央。在镜子的多次反射下，房间内显现出万花筒般的效果，如图12-19所示。

由加布里埃尔设计的小特里亚农宫是法国洛可可风格最杰出的代表。其简单的方形楼梯厅饰以乳白色石头贴面，铁质楼梯扶手嵌以镀金的字母图案。起居空间使用了木制镶板，在有限的白色中点缀以金色。壁炉架造型简洁，其上安置镜子及烛架，如图12-20所示。小特里亚农宫的室内装饰暗暗地预示着一种新风格的端倪，即新古典主义。路易十五、路易十六时期的家具对舒适性有较高追求，例如，此时流行的沙发扶手椅不仅在靠背、座位上有软垫，在扶手上也有垫子。

图12-19　苏俾士府邸的公主沙龙

图12-20　小特里亚农宫

18世纪中叶以后流行一种简朴、挺拔的直线型室内设计风格——新古典主义，但通常所说的"路易十六风格"则是指一种兼有洛可可和新古典主义品质的混合风格，以新古典主义的形式表现极端奢华的洛可可神韵。

路易十六风格在家具设计领域也有很好的体现，洛可可的曲面和弯腿变成了平面和直腿，直线和几何形式被更多地使用。窗帘在此时也变得十分流行，常带有深红色和金黄色的流苏边饰。

路易十六时代结束后，法国进入了大革命后期的"督政府时期"。建筑设计师佩尔西埃和封丹将大量精力投入室内设计中，并著有《室内设计集》，书中展示了多种多样的室内装饰手法，包括顶棚、壁炉、家具及铸铁制品，以图示的方式传达了法国室内设计精神。佩尔西埃和封丹的设计多表现庞贝题材，并引入军事和帝王符号，在豪华中透露着严谨与精确。在马尔梅松城堡一些套房的设计中，他们采用了庞贝的红墙、镀金装饰及镜子，陈设有金色的室内家具，如图12-21所示。

图 12-21　马尔梅松城堡室内

建于 1804—1849 年间的马德莱娜教堂（也称军功庙）体现了帝国风格时期的特征，教堂上方设计有 3 个穹顶，每个穹顶均可为室内采光。室内装饰暗示了古罗马巴西利卡等纪念性建筑风格，巨大的科林斯柱式支撑着拱券，较小的爱奥尼柱式支撑着上层柱廊及侧面的小礼拜堂，如图 12-22 所示。

图 12-22　马德莱娜教堂（军功庙）

17 世纪—18 世纪，商人、工匠和专业技术人员阶层开始发展，并对建筑与室内设计提出了相应的要求。制造者们也开始关注这一群体，逐步形成了法国地方室内设计风格。这些设计开始出现了原来仅仅在豪华府邸和宫殿中才能享有的优雅品质。起居室内的壁炉周围和炉台上的装饰，体现了一定程度的雅致，室内布置有漂亮的床和家具，墙壁上贴有简洁条纹装饰的壁纸（见图 12-23），一些厨房中的炉灶还贴有瓷砖，如图 12-24 所示。地方风格的家具材质多使用实木，家具常带有趋于华丽的细部雕刻。

图12-23　法国地方风格的卧室

图12-24　法国地方风格的厨房

课 堂 讨 论

　　说说巴洛克及洛可可艺术在17世纪及18世纪欧洲的绘画、音乐、文学及服装设计领域都有哪些发展？其代表人物和作品有哪些？

第三节　其他欧洲国家的室内设计风格

知识目标

熟悉西班牙、德国和英国的室内设计风格。

能力目标

能够对西班牙、德国和英国的室内设计风格特色进行分析和总结。

素质目标

提升对西班牙、德国和英国的室内设计风格的认知与审美能力。

一、西班牙的巴洛克

　　17世纪下半期，西班牙的政治和经济进一步衰落，教会的势力却与日俱增，巴洛克式甚至怪诞到荒唐的地步。此时的西班牙建筑强调离奇古怪的结构和戏剧性的效果，柱子往往是扭曲的，立面凹凸不平，好似将银匠风格和巴洛克风格糅合在了一起。

　　西班牙最著名的巴洛克风格建筑是圣地亚哥·德·孔波斯特拉主教堂，以金黄色花岗岩重建的教堂立面保存了罗马式的室内及教堂大门，表面装饰复杂，雕刻与曲线形的纹样堆砌得无以复加，如图12-25所示。

下篇 外国部分

西班牙文艺复兴的最后一个阶段称为"库里格拉斯科"风格，平行于其他地区的巴洛克和洛可可风格。其崇尚烦琐的表面装饰及艳丽的色彩。例如，在格拉纳达的拉卡图亚教堂的圣器收藏室（见图12-26），墙面覆盖着一层霜状的泥塑装饰，把基本的古典式柱子和檐部淹没其中。18世纪中叶后，西班牙逐渐兴起新古典主义建筑风格，巴洛克风格也随之日益衰落。

图12-25　圣地亚哥·德·孔波斯特拉主教堂

图12-26　拉卡图亚教堂的圣器收藏室

拓 展 阅 读

墨西哥城主教堂

墨西哥城主教堂是墨西哥最大的、最主要的天主教堂，也是美洲屈指可数的著名教堂之一，由西班牙人克劳迪奥·德·阿辛尼格设计。其沿袭了西班牙文艺复兴和巴洛克传统，并混合了新古典主义风格。其壁龛、拱顶和穹窿上有许多华丽的装饰和浮雕，如图12-27所示。

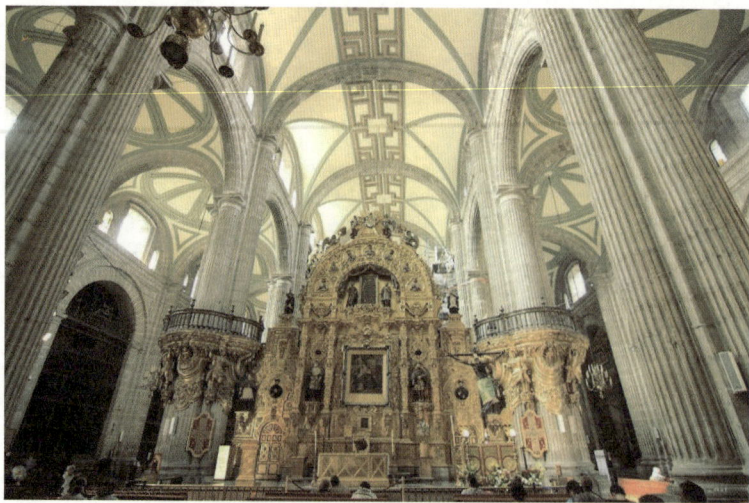

图12-27　墨西哥城主教堂

二、德国的巴洛克和洛可可

17世纪早期，德国逐步接受了意大利的文艺复兴思想，意大利艺术直接影响了德国室内装饰的风格。建于1612—1616年的市政厅拥有涂有灰泥和色彩的中楣、大理石门框，顶棚上有坎迪德寓言式的绘画。位于德国比诺的朝圣教堂拥有一个简单的长方形空间，沿着墙壁周边设计了一圈挑台，圣坛凸出。室内装饰采用了奢侈的泥塑和复杂的绘画。

位于巴伐利亚的维斯朝圣教堂内部采用了复杂的泥塑，使用了大量的白色和金色，在顶棚边缘的建筑细部，一部分做真实的三维处理，另一部分则做纯粹的虚幻表现，如图12-28所示。

图12-28　巴伐利亚的维斯朝圣教堂

德国的洛可可设计风格十分丰富多彩，许多以巴洛克风格开始的巨大宫殿，最终由洛可可工艺师完成室内装饰。班贝格城附近的十四圣徒朝圣教堂是典型的巴洛克建筑，但其室内装饰却出现了典型的洛可可手法，大量采用了白色、金色及粉红色，雕塑与绘画共同营造出了特殊的光感和动感，如图12-29所示。

建于慕尼黑宁芬堡宫内的阿马连堡是一座园林殿阁，其中厅是一个简单的圆形，设有3间朝向花园的窗户，以银色和天蓝色为主色调。墙面上的镜框层叠反射出墙面和顶棚上银色石膏装饰，以及室内中央灿烂的枝形花灯，把原本简单的形式营造出万花筒般扑朔迷离的效果，如图12-30所示。

图12-29　十四圣徒朝圣教堂

图12-30　宁芬堡宫内的阿马连堡

三、英国17世纪、18世纪室内设计风格

英国在17世纪的室内装饰设计风格较为严谨，特别是采用橡木嵌板的室内。室内装饰中皮革挂饰十分流行，包银及装饰化的家具采用多种不同的木材材料，镜子的大量使用为室内增添了不少光彩，进口的陶瓷和织物也点缀着室内。

（一）白厅宫

17世纪初，设计师琼斯将文艺复兴盛期比较协调的古典主义成功地引入英国，创造出了琼斯式带有法国装饰细节的帕拉第奥风格。其白厅宫的设计堪与法国凡尔赛宫相媲美。在白厅宫的宴会厅部分，房间整体有两层建筑高，带来严格的帕拉第奥式外立面。室内为双立方体空间，带有出挑的阳台，下层为爱奥尼半柱，上层为科林斯壁柱。顶棚划分为格式状，内有著名画家鲁本斯的作品，外围有华美的石膏装饰，如图12-31所示。

（二）布伦海姆府邸

布伦海姆府邸由范布勒设计，其建筑与室内设计均体现出巴洛克风格的典型特征。在府邸的沙龙客厅中，入口的石雕细部淹没在墙壁上那些以绘画手法表现的建筑构件中，墙壁上充满了柱子、壁柱及假想的室外景象和雕刻人像，如图12-32所示。

图12-31　白宫厅

图12-32　布伦海姆府邸

四、奥地利

奥地利的梅尔克修道院是一组庞大的建筑群，高居山顶，俯瞰多瑙河。修道院堪称巴洛克式建筑的杰作，由雅各布·普兰陶尔在1702—1738年间建造。教堂内部的建筑细部装饰和顶棚上的幻觉绘画，深受意大利巴洛克风格的影响，如图12-33所示。室内弯曲的侧墙、红棕色的大理石壁柱及夹层阳台等给人以深刻的印象。

图12-33　梅尔克修道院

课堂讨论

图12-34和图12-35所示的两个室内设计空间分别是什么风格？其各自有哪些特点？

图12-34　室内设计空间1

图12-35　室内设计空间2

课后实践

　　结合本章所学，并上网搜集资料，总结17世纪及18世纪欧洲各国的室内设计发展特色，对17世纪及18世纪欧洲室内设计要素（结构、图案、纹样、色彩运用等）进行提炼与绘制。

思 考 题

1．巴洛克风格的要素有哪些？

2．意大利巴洛克建筑设计风格的典型代表有哪些？其各自有什么特色？

3．法国路易十四时期的室内设计风格的典型代表有哪些？其特点是什么？

4．摄政时期和路易十五、路易十六时期的室内设计风格特色是什么，有哪些典型代表？

5．英国、德国和西班牙等国家在17世纪及18世纪的室内设计风格特色有哪些？

第十三章

19世纪西方室内设计

19世纪蕴涵了许多人类有史以来最大的、具有前瞻性的变化。法国大革命与英国工业革命为西方世界带来了深远的影响，与机械化相关的生产领域给经济和社会带来了巨大变化，新材料与新技术促进了新的建筑理念的产生。与此同时，19世纪的室内设计也迎来了对各种历史风格的"复兴"，虽是以哥特式复兴与希腊式复兴为主，但包含了罗马式复兴、新文艺复兴和巴洛克复兴等多种形式。

第一节　工业革命引发的设计变革

知识目标

熟悉工业革命引发的设计变革。

能力目标

能够对工业革命引发的设计变革特色进行分析和总结。

素质目标

提升对工业革命引发的设计变革的认知与审美能力。

始于18世纪60年代的工业革命，是以机器取代人力，以大规模工厂化生产取代个体工场手工生产的一场生产与科技革命。18世纪中叶，英国人瓦特改良蒸汽机之后，一系列技术革命引起了从手工劳动向动力机器生产转变的重大飞跃，随后向英国乃至整个欧洲大陆传播，19世纪传至北美。

一、工业革命对室内设计的影响

照明和取暖方式的出现，也淘汰了早期室内设计的一些重要元素。相较于敞开的壁炉，铸铁的火炉显得更加有效和方便。火炉先是使用木材，后来是煤。这也是由于煤矿发展与铁路运输有了保证，使煤炭的供应成为可能。为了适应烹调的需要，一种特殊的铸铁火炉应运而生，代替厨房壁炉成为灶具，储水池因炉火要保持热度，可提供需要的热水。后来，中央取暖系统逐渐代替了火炉，烧煤的铁炉被置于地下室，通过管道和格架（即暖气片）使室内升温。铁炉也可用来加热水，以用作沐浴。

早期工业革命使得室内拥有了现代化的管道系统。在城市中，中央管道水系统开始出现，蒸汽泵的压力将水提升到一个高的储水池或水塔中，再利用重力将水送到建筑上层的浴室中。澡盆、淋浴器和抽水马桶成为城市住宅的标配。

19世纪初，燃菜籽油的油灯代替蜡烛成为更好的照明工具。后来，鲸油代替菜籽油成为油灯的燃料，最后又被矿物油（即石油及煤油）代替。在不同的需求下，各种油灯代替了烛台，墙壁烛台和枝状吊灯得以应用。照明气（最先是煤气）的发明，使逐渐采用中央城市系统提供的管道气来照明成为可能。这些气体还可用于灶具和多种取暖设备。

二、铁与玻璃的应用

工业革命带来了新的建造方法。铁和玻璃在19世纪逐渐被用作建筑材料，经常用于建造火车站棚、展览大厅、作坊和其他工厂建筑。19世纪最伟大的铁与玻璃的建筑被称为水晶宫，其最初位于伦敦市中心的海德公园内，是万国工业博览会场地，也是最早的真正现代建筑之一。它由将铸造厂大量生产铁的构架、柱子和梁架在工地上铆拴在一起，再把工厂制造的玻璃片装上而成。其面积超过 70 000 m²，简洁、明快的室内受到与会者的赞赏，如图13-1所示。

图13-1 水晶宫

巴黎的国家图书馆由建筑师拉布鲁斯特设计，其主阅览室中有16根细铁柱支撑着相互连接的铁券，形成9个方形的开间。每个隔间上有穹顶，由陶制的曲板构成。通过每个穹顶中心的圆形天窗可引入大量的光线，如图13-2所示。紧临阅览室的杂志中心的库房由四层书架填满，全部由铁构制成。开敞的铁栅楼梯和楼面可以让天窗上的阳光照进楼层内。

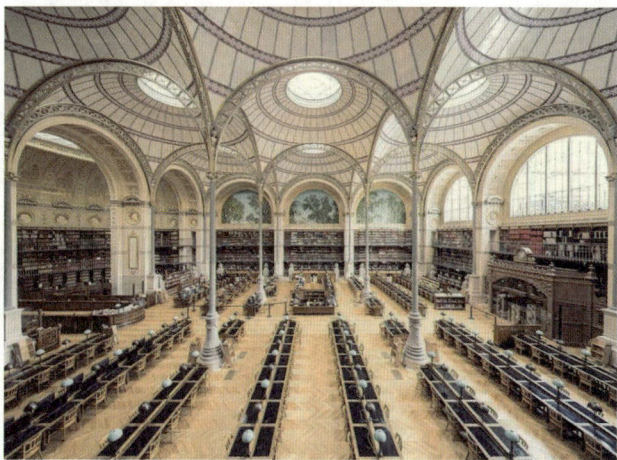

图13-2 巴黎国家图书馆

在伦敦举办万国博览会取得了空前成功，巴黎不甘落后。1889年正值法国大革命爆发100周年，法国人希望借举办世博会之机留给世人以深刻的印象。设计师埃菲尔主持建造的铁塔成为当时席卷世界的工业革命的象征，也是世界建筑史上的技术杰作。埃菲尔铁塔高324 m，相当于

100层楼高，由很多分散的钢铁构件组成，如图13-3所示。在设计与建造的过程中，共有50名建筑师和设计师画了5 300张蓝图。埃菲尔的计算极为精确，位于勒瓦卢瓦—佩雷的工厂生产了12 000件规格不一的部件，安装中没有一件需要修改，施工的两年时间内几乎没有发生一起事故。

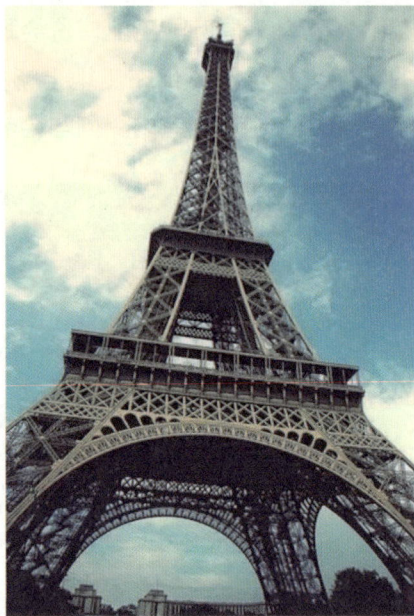

图13-3　埃菲尔铁塔

拓 展 阅 读

第一座铁桥的诞生

第一座铁桥于1779年建于英国，位于什罗普郡的科尔布鲁克代尔，跨塞文河（见图13-4）。它对于世界科技和建筑领域的发展具有很大的影响，是18世纪英国工业革命的象征。其跨度30.48 m，高15.85 m，宽5.49 m。

图13-4　第一座铁桥

课堂讨论

除书中讲述的内容外，你还知道哪些领域有工业革命引发的重大变革，试举例说明一二。

第二节　摄政时期的室内设计风格

知识目标

熟悉摄政时期的室内设计风格。

能力目标

能够对摄政时期的室内设计风格特色进行分析和总结。

素质目标

提升对摄政时期的室内设计风格空间设计的认知与审美能力。

　　1811年，英格兰乔治三世由其儿子摄政王继位。在乔治三世末期及19世纪发展过程中的设计，被称为"摄政时期样式"。这种风格源自新古典主义，却混杂了更多外来的元素。摄政时期最为壮观的建筑是位于布莱顿的皇家别墅。该建筑由约翰·纳什设计，其外观混杂着东方风格及洋葱顶（见图13-5）。皇家别墅的音乐室内遍布金碧辉煌的装饰，墙上的装饰物及壁炉上的镀金装饰框借鉴了中国的装饰元素，如图13-6所示。

图13-5　皇家别墅外观

图13-6　皇家别墅室内

　　另一种摄政样式的典型代表是皇家新月花园住宅，其同布莱顿皇家别墅是同一个设计师的作品。不同的是，皇家新月花园住宅表现了受限制的严谨的古典风格。
　　摄政时期的家具很大程度上受法国督政府时期的样式和帝国式设计的影响。红木和花梨木成为较受欢迎的材料，并常有黄铜的镶嵌物和装饰细部。扶手椅常见黑色的表面和镀金的细部，桌椅的腿上有奇异的雕刻，主题多为狮子或秃鹰的头、身子和脚，如图13-7所示。

图13-7　摄政时期的扶手椅

知 识 链 接

索恩私宅

　　约翰·索恩爵士是摄政时期一位有趣的设计师，其高度个性化的作品，时而是新古典主义，时而指向现代主义的严肃朴实。索恩的私宅是其收藏的大量艺术品及建筑构件的艺术陈列馆，其中不乏各种奇巧的收藏品，如图13-8所示。

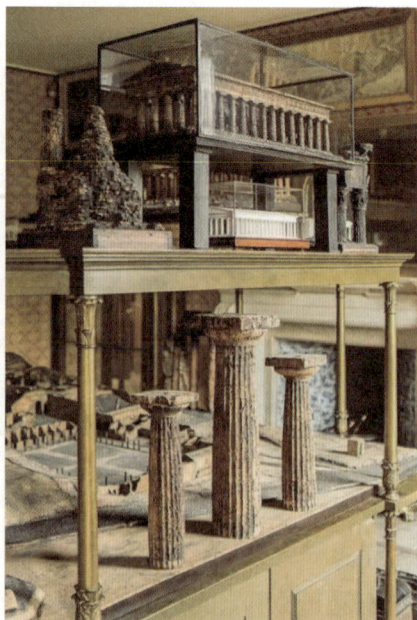

图13-8　索恩私宅内部

第三节 古典复兴和浪漫主义的设计风格

知识目标

熟悉古典复兴和浪漫主义的设计风格。

能力目标

能够对古典复兴和浪漫主义的设计特色进行分析和总结。

素质目标

提升对古典复兴和浪漫主义设计的认知与审美能力。

一、英国的复古风设计

(一)希腊复兴式

摄政时期的新古典主义迅速过渡到了希腊复兴式。罗伯特·斯默克爵士设计了当时著名的希腊复兴式建筑——大英博物馆。这座庞大的建筑围绕一个方形庭院布局,建筑的前方两翼向前凸出,爱奥尼围柱加上中央入口的山花门廊,给人留下极为庄重的印象,如图13-9所示。

图13-9 大英博物馆外观

与大英博物馆不同,菲利普·哈德威克设计的尤斯顿车站采用了多立克柱式,但在车站的大厅中,却没有任何希腊精神的体现。设计希腊风格的室内来适合希腊风格建筑外观的困难是致使英国的希腊复兴式快速终结的重要因素。

(二)哥特复兴式

霍拉斯·瓦尔波设计的草莓山庄表明了哥特复兴在英国的开始。草莓山庄也是民用建筑应用哥特式设计的革命性创举。草莓山庄采用了非对称样式,以及精致的英国垂直式风格。

伦敦的议会大厦（威斯敏斯特宫）庞大且复杂，是维多利亚时期不列颠力量与权力的象征。议会大厦的外部具有古典式建筑正规的布局。建筑外立面及室内均采用了英国哥特式的处理手法，如图13-10所示。

图13-10　威斯敏斯特宫

二、德国的复古风设计

成功地抵抗了拿破仑的入侵，激发了德国民族主义思潮，也引发了建筑与设计领域的希腊复兴。辛克尔是当时重要的设计师之一，设计了一批被视为欧洲当时最富有想象力的希腊复兴建筑。他最成功的地方是对古代经典的汲取，并将其运用得自由而富有想象力。辛克尔最著名的设计是柏林博物馆（又称老博物馆），其立面是一个简单的门廊，18根爱奥尼柱延伸到整个建筑物的宽度，支撑着柱顶的檐部，简洁的阁楼体块从建筑物中间上部升起，如图13-11所示。立面门廊的后面是老博物馆，从门外楼梯大厅凉廊可到达中心穹顶下的大圆厅。室内的楼梯将参观者引入中央大厅上层的展览室，展览室呈现矩形，室内充满了新古典主义主题的细部、绘画及雕塑，如图13-12所示。

图13-11　柏林博物馆

图13-12　柏林博物馆展览室

柏林宫廷剧院和勃兰登堡门

德国的希腊复兴式建筑还有柏林宫廷剧院（见图13-13）和勃兰登堡门（见图13-14），其中，勃兰登堡门的创新点在于纵向两个柱子之间是实心的。

图13-13 柏林宫廷剧院

图13-14 勃兰登堡门

三、美国的复古风设计

（一）希腊复兴式

希腊复兴式在美国的繁荣程度超过了欧洲国家。希腊古典建筑语言被成功地移植到了美国各种公共建筑与民用建筑中。

位于费城的美国第二银行由威廉·斯特里克兰设计，是第一座以希腊庙宇形式设计的美国建筑。它有一个八柱的山花门廊，加在帕特农神庙原型的前后部，并在四周开设有窗户。建筑完全由石头建造，所有室内均放在拱顶之下。

罗伯特·米尔斯也是美国希腊复兴的重要代表人物，其设计的华盛顿纪念碑高170 m，以庄严质朴且坚忍不拔的造型体现了美国第一届总统的精神气质。

在纽约，汤和戴维斯公司创作了另一幢帕特农神庙式的建筑——美国海关大厦（现称为联邦大厦，见图13-15）。该建筑完全由石砌而成，前后都有多立克柱廊，四周的窗户由壁柱间隔着。室内为约翰·弗拉齐设计的圆形大厅，周围一圈科林斯柱和壁柱支撑着主要坡顶下嵌有饰板的穹顶，如图13-16所示。

下篇 外国部分

图 13-15　美国联邦大厦外观

图 13-16　美国联邦大厦内部结构

（二）哥特复兴式

受欧洲浪漫主义思潮的影响，哥特复兴式在美国也流行了起来。英国设计师厄普约翰在移居美国后，将英国哥特复兴式带入了美国。厄普约翰重要的设计作品之一是位于纽约的圣三一教堂，拱顶下的中厅、着色的玻璃、丰富的哥特细部，使其成为美国第一个中世纪风格的建筑，如图 13-17 所示。

此后，哥特式建筑手法迅速向公共建筑和居住建筑蔓延。由戴维斯设计的林德哈斯特府邸的房间内充满了哥特式的细部，如木制的尖券、镶板、花饰窗格和铅花玻璃等，连室内的家具也通过木雕的细部与室内装饰相呼应，如图 13-18 所示。

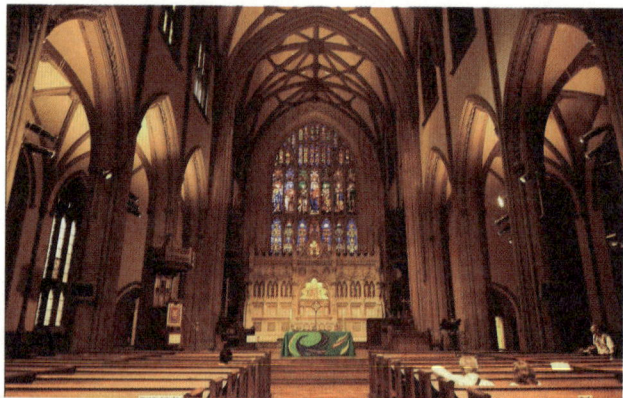

图 13-17　纽约的圣三一教堂

图 13-18　林德哈斯特府邸

第四节　维多利亚设计风格

知识目标

熟悉维多利亚设计风格。

能力目标

能够对维多利亚设计风格特色进行分析和总结。

素质目标

提升对维多利亚设计风格的认知与审美能力。

维多利亚风格主要指19世纪英、美等国家在设计中追求装饰，甚至过度装饰的一个时期。19世纪，上层贵族阶级逐渐丧失其在政治、经济中的主导地位，新兴的中产阶级日益壮大，后者学会了将工业革命的成果转化为新的财富来源并逐步富裕起来。昔日由技艺高超的工匠设计制作的富丽、精致的装饰品，如今已经可以通过新的机械化手段进行批量生产。此后，喜爱对所有样式的装饰元素进行自由组合的维多利亚风格成为当时的社会风尚。

一、英国的维多利亚风格

英国维多利亚风格的府邸一般体量较大，追求宏伟的效果，室内空间常有大厅、小礼拜堂、多个卧室及佣人的房间。半木构的、山墙体形、防卫性的雉堞，还有数里之外就可见的钟塔是受人喜爱的外部特征。

提示

雉堞，是指古代城墙上掩护守城人的矮墙，也泛指城墙。古代城墙的内侧叫宇墙或女墙，而外侧则叫垛墙或雉堞。

富有雇主在城镇的住宅通常是连排的，外观多基于古典传统的乔治式，但其内部则让位于多种样式的装饰。比较朴素的住宅室内装饰着各种材料的图案，显得舒适而迷人。作家托马斯·卡莱尔位于伦敦的住宅就是很好的例证，如图13-19所示。

理查德·诺曼·肖创作了大量的英国维多利亚式作品。他的早期作品是半木构和砖石的混合结构，属于哥特复兴式，称为"老英式"。后来，他创造出一种称作安妮女王式的设计。这种风格的住宅根据精巧的内部设计产生不对称、不规则的外部。以红砖和白漆的木条作为主装饰材料，大窗中有许多小玻璃窗格。其室内有丰富的装饰细部，并充满各个角落。位于伦敦的斯旺住宅是其代表作品之一，如图13-20所示。

图13-19 托马斯·卡莱尔的住宅室内

图13-20 斯旺住宅的客厅

二、美国的维多利亚风格

维多利亚风格也影响到了美国，财主、富商对华美住宅的向往，体现在不断增多的欧洲进口物资上。美国的维多利亚式有若干个分支，其中，木作哥特式主要表现为以尖券形式与长而尖的木作装饰图案相结合。普遍使用铅条镶嵌，有时还配上彩色玻璃。理查德·厄普约翰设计的金斯科特住宅的入口大厅使用了简洁的拼花木地板，红墙、彩色玻璃及哥特式尖券等维多利亚风格在室内均有显现，如图13-21所示。

通过工业革命致富的人们喜爱选用各种各样的装饰铺满府邸的每一个房间。卡尔弗特·沃克斯和弗雷德里克·E.丘奇设计的奥兰纳住宅，是维多利亚风格的较好体现。住宅的门厅设计综合了各种因素，浪漫而又具有艺术性，如图13-22所示。

图13-21 金斯科特住宅的入口大厅

图13-22 奥兰纳住宅的门厅

三、家具及室内陈设

维多利亚时期，新技术、新材料的发展使物品的种类面目一新。奥地利的托内特兄弟发明了运用蒸汽压力机将细条实木弯成曲线形式的技术，从而制成由许多弯木条构成的椅子等家具类型，如图13-23所示。

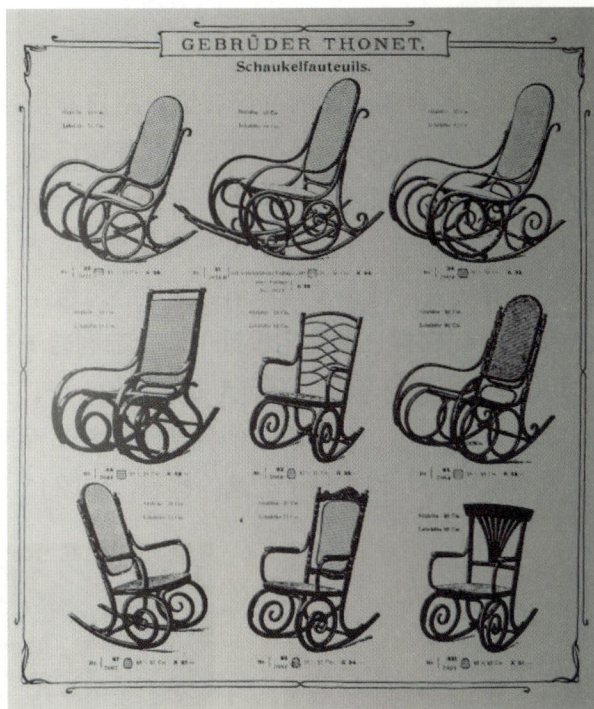

图13-23 托内特兄弟公司的产品目录页

来自欧洲的胶合板成为实木的替代品，胶合板由多层薄木片组成，其成本低且不易弯曲。胶合板框、椅座、各种弯曲胶合板及实木材料，共同构成新的家具形式。铁和黄铜管开始用于制作床框和床头板。

维多利亚时期的家具追求大尺度和过度的装饰。大厅和门厅中喜爱放置巨大的穿衣镜。纺织品由织布机生产，强调浓重、复杂、华丽的形式。墙纸可用于木墙板上或粉墙上，成为当时非常流行的墙壁处理方式。

随着电灯的发明，在电力所及之处，老式灯和汽灯装置完全转向使用爱迪生发明的电灯泡。电扇和缝纫机相继问世，以适应家庭的需要。

第五节 工艺美术运动与室内设计

知识目标

熟悉工艺美术运动与室内设计。

能力目标

能够对工艺美术运动与室内设计特色进行分析和总结。

素质目标

提升对工艺美术运动与室内设计的认知与审美能力。

一、英国的工艺美术运动

万国工业博览会后，人们对维多利亚时期的过度装饰风格日渐反感，这些反对的呼声逐渐发展成为有组织的运动，其中影响最为深远的是英国的工艺美术运动，其代表人物是设计师威廉·莫里斯与理论家约翰·拉斯金。拉斯金强烈指责机器生产的产品无法避免品位低下与俗套的窠臼，必然导致手工艺的回归。在拉斯金的影响下，对于真实地表达产品功能、材料与技术，以及坚信唯有手工艺才能达到这种真实性，成为莫里斯倡导的核心思想。

莫里斯的早期设计思想集中体现在自己的住宅设计中。由菲利普·韦布设置的莫里斯住宅建于1859年。房子在平面布局上基于功能的考虑，设计为非对称的L形，在外部装饰中直接将红砖外露，因此被后世称为"红屋"（见图13-24）。房子的内部空间舒适而明亮，无论是窗户的彩绘玻璃、刺绣窗帘，还是家具及细部陈设，均充满了艺术的构思，如图13-25所示。

图 13-24　莫里斯住宅外观

图 13-25　莫里斯住宅室内

菲利普·韦布是莫里斯的多名追随者之一。韦布设计的房屋内部空间一般较大，更多地体现出简洁和独创性。在萨里郡的斯坦登住宅的设计中，其室内墙壁采用白色的嵌板处理，细部设计清晰明确，莫里斯设计的地毯、织物和墙纸为室内营造了愉悦的气氛，如图13-26所示。

查尔斯·弗朗西斯·沃伊齐是英国最富创新精神的工艺美术设计师。其为自己设计的住宅"果园"依照传统英式乡村风格，室内格调朴素而优雅，室内的木制品及天花都漆成白色，结合大面积玻璃窗，令空间显得十分敞亮，接近现代主义风格的某些特征，如图13-27所示。

图 13-26　斯坦登住宅内部

图 13-27　果园室内会客厅

莫里斯设计的纺织品、墙纸等有哪些突出的特征？

二、美国的工艺美术运动

工艺美术运动在1880—1890年间达到顶峰，并在美国发展成为工匠运动，产生了一批代表人物。他们的设计反映出对于手工艺的依恋及对日本传统风格的好奇，同时更加讲究设计装饰上的典雅，特别是东方风格的细节。

威尔·布雷德利是一名商业插图画家，后来从事室内及家具设计，其热衷于手工艺风格、村舍风格及相关特点的英国作品。图13-28所示为布雷德利设计的室内。

加利福尼亚的格林兄弟的建筑实践极具个人风格，并且吸收手工艺传统。在其主持设计的甘布尔住宅中，精细复杂的木工细部吸收了东方元素，并结合尊重手工制作的工艺美术本质。富有原创性的灯笼状的灯具和镶嵌在窗户上的彩色玻璃，令室内空间既有创造性又充满传统情调，如图13-29所示。

图13-28 布雷德利设计的室内

图13-29 甘布尔住宅室内

课后实践

结合本章所学，并上网搜集资料，总结19世纪西方各国的室内设计特色，提炼并绘制出19世纪西方室内设计要素（结构、图案、色彩运用等）。

思 考 题

1. 工业革命对室内设计产生了哪些影响？

2. 将铁与玻璃应用于建筑及室内设计后，产生了哪些具有代表性的作品？

3. 古典复兴和浪漫主义的设计风格表现为哪些形式？其在英国、美国、德国各有哪些具有代表性的作品？

4. 英国和美国的工艺美术运动产生了哪些室内设计大师？其代表作品有哪些？

下篇 外国部分

第十四章

20世纪与21世纪早期的室内设计

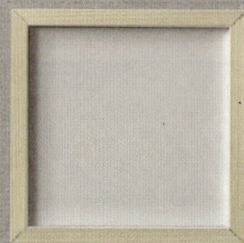

在20世纪，人类的生活随着科学技术的发展而发生了前所未有的变化，新技术、新材料和新思想层出不穷，与人类生活密切相关的建筑和室内设计更是发展得丰富多彩。两次世界大战期间，现代主义设计在欧洲产生并获得了一次发展，但又随着新一轮的复古思潮而沉寂。二战后，现代主义思潮在美国获得发展，并最终影响了更多的国家和地区。20世纪60年代后，纷繁复杂的各种风格和流派兴起，他们都具有否定现代主义的特点，企图对现代主义重新进行诠释。进入21世纪，当代室内设计已经成为一种成熟的文化标志，在某种程度上诠释着主流大众的审美取向。

第一节　新艺术运动与折中主义

🏰 **知识目标**

熟悉新艺术运动与折中主义。

🏛 **能力目标**

能够对新艺术运动与折中主义特色进行分析和总结。

🏡 **素质目标**

提升对新艺术运动与折中主义的认知与审美能力。

一、新艺术运动与室内设计

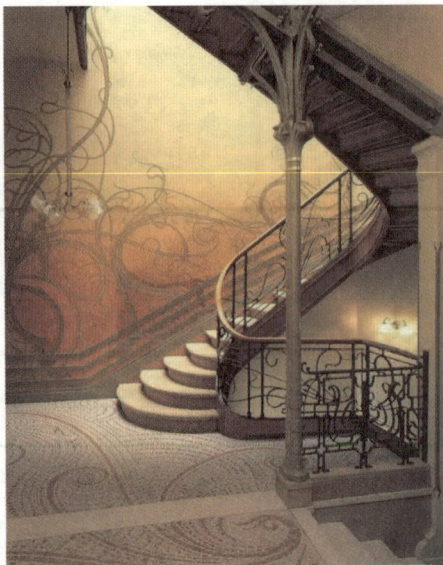

图14-1　塔塞尔住宅

19世纪晚期，欧洲大陆进入相对和平与繁荣的时期。经济的繁荣使上层阶级和中上层阶级数量不断增加，他们有能力支持新颖和试验性的设计潮流。此时，设计领域也经历了纷繁复杂的发展变化，旨在探索适于现代世界的新的设计方法。受工艺美术运动的影响，20世纪初在欧洲产生和发展了新艺术运动，此次运动涉及数十个国家，几乎涵盖了设计的各个领域。新艺术风格以其不对称的曲线线条为特征，富于动感，对非对称式的日本艺术表现出高度赞赏。

比利时建筑师、设计师维克多·霍塔设计的作品都展现了典型的新艺术运动特征。其作品塔塞尔住宅的外部装饰选用严谨的有机图案，但在建筑的内部却有一个复杂且开敞的楼梯。楼梯上有曲线状的铁栏杆和支撑立柱，地面上还铺有马赛克花砖的图案，如图14-1所示。

维克多·霍塔为自己设计的住所室内布局完全改写了传统模式，空间聚焦于中间的白色大理石楼梯，贯穿三层，极具空间感，如图14-2、图14-3所示。

下篇　外国部分

图14-2　霍塔住所的楼梯造型

图14-3　霍塔住所的栏杆装饰

　　法国新艺术运动的中心有两处，一处是巴黎，另一处是小城南锡。位于南锡的马松住宅由欧仁·瓦林设计，这座住宅的餐厅被认为是新艺术运动成就的典型。其内部的木制品、顶棚线脚、墙面处理、地毯、灯具及家具共同创造出一种迷人的环境，这是一种非常协调的、新颖的、曲线状的、复杂的形式，如图14-4所示。

　　在巴黎，最引人瞩目的设计师是赫克托·吉马尔德。他因设计巴黎地铁站而声名鹊起。吉马尔德通过设计一系列标准化的细部：金属栏杆、招牌、标准灯具及墙板来处理这项工程。这些构件都可以大量预制，组合成不同尺寸、不同形状的入口亭子，如图14-5所示。

图14-4　马松住宅的餐厅

图14-5　多菲内港地铁车站入口

　　对于卡斯特尔·贝朗热大楼公寓的前厅，吉马尔德的设计非常特殊。他将赤陶瓷砖、金属细部用于墙面，并一直延续到顶棚上，其入口的金属门的细部也运用了流动曲线形的新艺术运动形式，如图14-6所示。

图14-6　卡斯特尔·贝朗热公寓的前厅

下篇　外国部分

　　安东尼·高迪是西班牙最具代表性的设计师。高迪将室内空间完全打造成自然有机形态或类似火山岩般的流动形式，例如，巴特约之家的室内有起伏的波浪形天花板、曲线窗架和门框，其外部雕刻也以仿生态为基础，如图14-7和图14-8所示。

图14-7　巴特约之家的外部

图14-8　巴特约之家的内部

　　素有"维也纳先锋派之父"之称的奥托·瓦格纳设计了维也纳邮政储蓄银行。其主厅设有一个拱状玻璃屋顶，所有梁柱均无装饰，大面积的玻璃窗使大厅光线充足，如图14-9所示。

图14-9　邮政储蓄银行办事大厅

二、折中主义

从19世纪末到20世纪中期结束，设计行业对于模仿过去作品的技术与热情都有了充分发展。而"折中主义"则是将各种主义、方法或风格中最好的东西结合在一起，盲目重塑过去，放弃任何形式上创新的可能。

巴黎美术学院是第一座真正的建筑专业学校，发展了一套在表现建筑布局的有序性和逻辑性理论方面非常有效的教学方法，被称为"学院派"。查尔斯·加尼叶设计的巴黎歌剧院是学院派建筑作品的杰出代表。剧院全部采用钢铁框架结构，内部装饰采用了巴洛克风格，门厅和休息厅中遍布雕塑、绘画和灯具等饰物。中央大楼梯的设计尤为出色，雕像、灯具、彩色大理石和券廊将整个楼梯装饰得异常华丽，如图14-10所示。

图14-10 巴黎歌剧院内部

折中主义在美国尤其盛行，这大概与美国的建筑活动没有十分悠久的历史风格可依据有关。理查德·莫里斯·亨特是巴黎学院派建筑在美国传播的先锋。亨特设计的浪花府邸餐厅采用了古典文艺复兴样式，房间围绕着两层高的中庭对称布局，墙面用科林斯壁柱进行装饰，如图14-11所示。

比尔特莫尔府邸被描述为法国哥特式，亨特也试图将其复制为一座大规模的法国城堡，如图14-12所示。不过，建筑室内的某些地方，像宴客厅，已经没有一丝法国文艺复兴的味道，这主要是为了满足业主对古代雄伟壮观场景的渴望。

图14-11 浪花府邸餐厅

图14-12 比尔特莫尔府邸

麦金、米德和怀特事务所设计了波士顿公共图书馆。大厅细部采用了意大利文艺复兴样式，顶部是带彩绘的木梁，室内还有一座大型壁炉和壁炉台，用大理石科林斯柱子装点门洞，如图14-13所示。在富丽堂皇的借书大厅中，借阅者可以在此等候要借阅的图书，图书取自书架，但书架不对外开放。

图14-13　波士顿公共图书馆

宾夕法尼亚火车站的大厅以古罗马卡拉卡拉浴场为模型，大厅内布置着巨大的科林斯柱子和镶板拱顶，使其成为20世纪最壮观的室内空间之一，如图14-14所示。

由约翰·卡雷尔和托马斯·黑斯廷斯设计的纽约公共图书馆主阅览室具有华美的内部空间，阅览室四周环绕着两层书架，如图14-15所示。

图14-14　宾夕法尼亚火车站大厅

图14-15　纽约公共图书馆

哥特样式的沃尔华斯大厦被冠以"商业大教堂"的称谓，在其公共大厅中，设计师吉尔伯特采用了拜占庭的细部，并用大理石和马赛克来装饰，电梯服务于这个当时世界第一高楼的许多楼层，如图14-16所示。

一战后，折中主义的建筑设计逐步从对历史的模仿转向了一种更为简洁的形式，即较少装饰的罗马和文艺复兴建筑样式，称为"简洁式的古典主义"。设计师保罗·菲利普·克里特设计的福尔杰·莎士比亚图书馆，室内风格整体遵循一种源自古典的形式，如图14-17所示。

图14-16　沃尔华斯大厦

图14-17　福尔杰·莎士比亚图书馆

课 堂 讨 论

　　总结本节所学，说说新艺术运动的根源和特征有哪些？你还看到过哪些折中主义的室内设计案例？

第二节　现代主义设计的出现

知 识 目 标

熟悉早期现代主义设计。

能 力 目 标

能够对早期现代主义设计特色进行分析和总结。

素 质 目 标

提升对早期现代主义设计的认知与审美能力。

一、早期现代主义运动

　　在"机器美学"的审美风潮的鼓舞下，现代主义运动摒弃了室内设计中过于繁复的装饰，希望创造一种更能体现民众意愿的设计风格来满足大众的日常生活。

由沃尔特·格罗比乌斯与阿道夫·梅耶合作设计的法古斯工厂是现代主义运动的典范。这是欧洲第一座真正采用玻璃幕墙结构的工厂，如图14-18所示。

在奥地利建筑师阿道夫·卢斯设计的马勒别墅中，"嵌入式家具"是其空间表达上的重要特征（见图14-19），错层式空间在其中得到了淋漓尽致的表现。

图14-18　法古斯工厂

图14-19　马勒别墅的会客厅

二、现代派艺术与现代设计

20世纪30年代初期，建筑及室内设计活动颇为频繁。西欧地区产生了20世纪最重要的设计思潮和各种艺术流派。

红蓝椅是格瑞特·里特维尔德设计的、最早表现荷兰"风格派"观念的作品之一。红蓝椅由两端带黄色收头的黑色木条为构架，坐面与靠背漆成红、蓝两色，如图14-20所示。由格瑞特·里特维尔德设计的施罗德别墅，是荷兰"风格派"的代表。整座建筑为一个简单立方体，强调水平与垂直元素，其整体采用原色体系，使房屋内外在视觉上显得更加统一和协调，如图14-21所示。

图14-20　红蓝椅

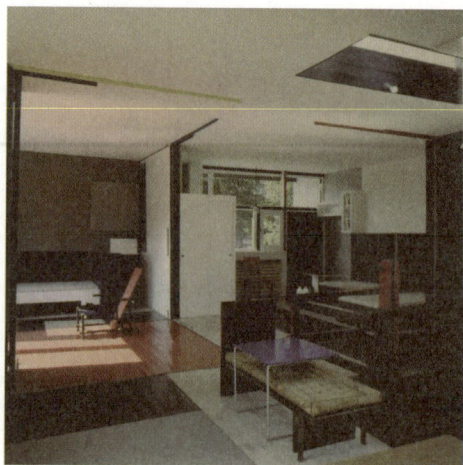

图14-21　施罗德别墅（乌德勒支别墅）

三、现代主义的先驱

现代主义运动颠覆了各方面的传统，沃尔特·格罗皮乌斯、密斯·凡·德·罗、勒·柯布西耶和弗兰克·劳埃德·赖特等建筑领域的大师走在这场运动的最前端。

由密斯·凡·德·罗设计的巴塞罗那世界博览会德国馆，强调"少即是多"的设计原则，展览馆的结构包含一面伸展的平板和部分墙体，经过仔细的安排，保证空间的自由流通，如图14-22所示。

图14-22 巴塞罗那博览会德国馆

拓 展 阅 读

巴塞罗那椅

巴塞罗那椅是设计师密斯·凡·德·罗为巴塞罗那世界博览会德国馆而设计的座椅，同德国馆相协调，这件椅子也显示出了高贵而庄重的身份象征。巴塞罗那椅是现代家具设计的经典之作。它由呈弧形交叉状的不锈钢构架支撑真皮皮垫，两块长方形皮垫组成坐面（坐垫）及靠背，其外形美观，功能实用，如图14-23所示。

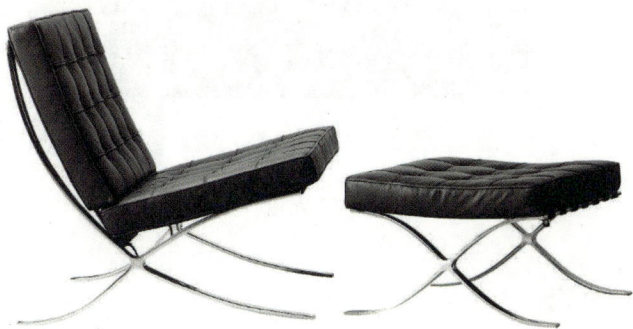

图14-23 巴塞罗那椅

勒·柯布西耶设计的新精神馆，展出于1925年举办的巴黎国际装饰艺术博览会。室内所有的结构部件都建立在标准化模块的基础上，给人以极为简洁的感觉，如图14-24所示。

图14-24 新精神馆

知 识 链 接

柯布西耶的建筑理念与家具设计

柯布西耶最著名的建筑理念是"建筑五要素"，即底层架空、屋顶花园、自由平面、横向的长窗和自由立面。他要求建筑应有桩柱结构（由钢筋混凝土建造的独立支柱，钢筋混凝土在19世纪末已得到广泛应用）支撑而底层架空，室内空间可以自由规划，设置屋顶平台且窗户很大，以及宽阔平坦的立面。

柯布西耶的才华主要发挥在了建筑设计上，在家具设计上的数量不多，但每一件都有其独创的设计思想。柯布西耶设计的沙发椅（见图14-25）体现了他在家具设计上崇尚以人为本的思想，几块立方体皮垫依次嵌入钢管框中，直截了当又便于清洁换洗。

图14-25 柯布西耶设计的沙发椅

四、包豪斯与设计教育

第一次世界大战后，瓦尔特·格罗皮乌斯接任魏玛造型艺术与工艺美术两所学校的校长，后来两校合并，正式成立包豪斯学校（见图14-26）。这是当时第一所现代设计教育机构，经过十余

下篇 外国部分

年的努力，包豪斯学校集中了20世纪初期欧洲各国对于设计的新的探索和试验成果，成为欧洲设计集大成中心。

包豪斯的教学方法对现代教育发展起到了积极的推动作用，其教学特点可归纳为4个方面：第一，讲求自由创意，反对墨守成规；第二，注重手工艺与机器生产的结合；第三，强调基础训练，从抽象绘画和雕塑中发展而来的平面、立体与色彩三大构成课程是包豪斯对现代设计做出的最大贡献之一；第四，倡导实践与理论相结合、教育与社会生产相结合。

图14-26　包豪斯教学楼

第三节　装饰艺术运动与室内设计

知识目标

熟悉装饰艺术运动与室内设计。

能力目标

能够对装饰艺术运动与室内设计特色进行分析和总结。

素质目标

提升对装饰艺术运动与室内设计的认知与审美能力。

一、法国的装饰艺术运动

装饰艺术运动发源于法国，以巴黎为中心，其对于室内设计创造出一种"小客厅"风格，侧重于富丽的材料、豪华的家具和亲密的环境。其注重将东方情调的艺术引入室内设计中，形成图案完全不同的强烈对比，家具造型强调简单、夸张的几何形式。

由设计师保罗·福洛设计的邦马尔凯百货商店以装饰艺术作为商业展示风格。展区中地面、陈列框及柱楣的图案都与传统的花形图样形成鲜明的对比，如图14-27所示。室内的几何线条与顶部花形细装饰至今依然保留。

马里斯·迪弗莱纳设计的老佛爷百货，其室内呈现出足够的豪华与丰富，如图14-28所示。

图14-27　邦马尔凯百货商店

图14-28　老佛爷百货

设计师皮尔瑞·查里奥设计的玻璃之家（见图14-29）采用标准化制作部件，以一种改编的方式部分地展现出现代主义理念。

图14-29　玻璃之家

二、美国的装饰艺术设计

在1925年的巴黎博览会上，美国人初次接触了先进的设计。美国曾经在批量生产和市场营销方面走在世界前列，装饰艺术的几何形态不仅在美国机器化大环境下能够轻易地量产，其光鲜亮丽的外观和丰富、抽象的图案更能满足美国人的表现欲望。

由依莱·雅克·卡恩设计的克莱斯勒大厦电梯门表面嵌满莲花状的琥珀和褐色木料，灯光装置、指示牌和地面都装饰着源自花卉的几何图形，如图14-30所示。

章宁大厦（见图14-31）位于纽约中央车站旁，其室内普遍采用米色、金色和绿色等面砖营造富丽堂皇的效果，镀金的旭日图形也在装饰中反复出现。

图14-30 克莱斯勒大厦电梯厅

图14-31 章宁大厦

三、英国的装饰艺术

装饰艺术在英国的流行比较低调和保守，表现出朴素又内敛的特质。当时英国的设计已落后于法国和美国等国家，直到20世纪30年代晚期，英国的装饰艺术才表现出较强的感染力。

战争时期人们对影院的精神依赖推动了英国的室内设计发展，激发了英国设计师采用镜面、银箔、油漆和金属等反射性材料来凸显光滑、流畅的外观设计。巴兹尔·约尼德斯设计的萨沃伊剧院，其观众席采用深浅不同的金漆来映衬室内的银叶装饰，如图14-32所示。

胡佛工厂（见图14-33）是一座采用现代风格装饰的对称型古典建筑。厂房入口以玻璃质地的旭日图形为装饰，楼顶的窗户设计开阔大气，视线可穿越上方的大窗，使视野更加开阔。

图14-32 萨沃伊剧院

图14-33 胡佛工厂

课堂讨论

除本节所讲的案例外，你还知道哪些装饰艺术风格的室内设计作品？试举例说明一二。

第四节　二战后的室内设计风格

知识目标

熟悉二战后西方各国的室内设计风格。

能力目标

能够对二战后西方各国室内设计风格特色进行分析和总结。

素质目标

提升对二战后西方各国室内设计风格的认知与审美能力。

一、美国

二战时期，欧洲一些顶级的设计大师先后来到美国，发展了现代主义主流。此时，美国首次超越欧洲占据了室内设计的主导地位。这也是二战后美国的建筑设计能够领导世界的原因之一。

由密斯·凡·德·罗设计的范士沃斯住宅（见图14-34）只有一层的空间，并且没有传统的封闭式房间，而是由一些不触顶的隔断将空间划分为不同区域。住宅以平板玻璃和金属构成简洁的钢铁框架结构，创造开放、融于自然的感觉令无数设计师纷纷效仿。

密斯为伊利诺伊工学院设计的建筑馆称为"克朗楼"（见图14-35），其外形为矩形，四周皆为玻璃幕墙。活动的隔断和储物框用以分割不同的区域。所有的结构部件均被漆成黑色，与空间和玻璃方体相融合，赋予空间宁静、典雅的感觉。

图14-34　范士沃斯住宅

图14-35　克朗楼

由菲利普·约翰逊与密斯合作设计的西格拉姆大厦（见图14-36）被称为国际现代主义的巅峰之作。大厦的外观是一座矩形塔楼，其外墙用垂直金属带纵向划分，并嵌入玻璃。室内大厅及其他公共空间以简单的大理石线条作为标志。

古根海姆博物馆（弗兰克·劳埃德·赖特设计，见图14-37）的主体为一个内含螺旋形斜坡道的圆柱体，室内空间逐渐向上外扩，坡道的宽度依空间外形略有不同。室内光线顺着上方的玻璃穹顶渗透而入。

图14-36 西格拉姆大厦

图14-37 古根海姆博物馆

埃罗·沙里宁主持设计了美国环球航空公司国际机场TWA候机楼（见图14-38）。候机楼的屋顶由四块钢筋混凝土外壳组成，壳体以几个接点相连，空隙处用于布置天窗，设计者结合了建筑与雕塑的特性，在室内外营造出富有特色的自由形式。

图14-38 TWA候机楼室内

查尔斯·伊姆斯是美国主流的家具设计师，他首次发现了在树脂中填充玻璃纤维来增加强度的方法，并将其运用于家具领域，成功设计出了蛋壳椅，如图14-39所示。蛋壳椅轻巧耐用，易于储存，受到了广泛的关注及推广。

埃罗·沙里宁设计的胎椅对人的常规坐姿进行了改造，使人可以任何舒服的姿势就坐，胎椅被认为是20世纪最具舒适性的设计之一，如图14-40所示。

图 14-39　蛋壳椅

图 14-40　胎椅

二、意大利

意大利拥有丰厚的历史底蕴，艺术家与建筑师们试图将现代主义的理性观念与正统的古典风格联系起来，产生一种融合金属与塑料的曲线型有机形态，形成独特的意大利风格。

结构建筑师皮尔·路易吉·内尔维设计的小体育馆（见图 14-41）突出了对大跨度钢筋混凝土结构的探索，其空间创造大胆且富有想象。小体育馆穹顶形态优美，巧妙地将装饰与结构融于一体，和谐又富有层次感。

图 14-41　小体育馆

意大利著名的家具生产企业卡西尼公司，大量生产著名建筑师和工业设计师的作品，并出口到各国的市场中，为意大利战后家具发展起到了重要的作用。

三、法国

法国的战后经济恢复较快，因而设计活动也相当活跃。20 世纪 50 年代晚期，法国政府建造了一批采用预制装配的工业型住宅，迅速解决了当时棘手的住宅问题。

勒·柯布西耶设计的马赛公寓是一个可容纳 1 600 人居住的空间。其一层为商业空间；每户公寓都包含双层起居室并自带阳台；屋顶平台为交流场所，如图 14-42 所示。

朗香教堂（见图14-43）是勒·柯布西耶晚年最著名的作品。整座建筑外形朴拙粗厚，内部却神圣静谧。曲形的混凝土墙面形成灰暗而不规则的室内空间，墙面开着长方形的漏斗状孔洞，孔洞内侧较大，越向外越小，大小不一的彩色小窗穿插于厚重的实墙中，形成彩色的光线。

图14-42　马赛公寓

图14-43　朗香教堂内部

知 识 链 接

朗香教堂的建筑特色

朗香教堂建筑的屋顶是一个线性的钢筋混凝土结构，剖面中空，像飞机的翼部。屋顶架在两堵墙上的小窄柱上，屋顶与墙之间留下一道玻璃填充的缝隙，使屋顶看似好像飘浮在空中，如图14-44所示。

图14-44　朗香教堂外部

四、英国

英国因全面卷入战争而导致室内家具、陈设的生产出现材料及劳动力的短缺。战争也带来了大量的重建需求，英国贸易委员会实行的"家具供应配给制度"对室内装饰设计的发展产生了极为重大的影响。

由史密森夫妇设计的亨斯坦顿学校（见图14-45）试图从钢筋混凝土中寻求形式感，建筑的预制构件被作为艺术元素加以充分利用。

下篇　外国部分

图14-45　亨斯坦顿学校

　　欧内斯特·雷斯在1945年设计出BA椅（见图14-46），其造型简洁而实用，他尝试以金属代替木材，将战时遗留的废铝熔化后制成锥形支架。其后设计出的羚羊椅（见图14-47）也秉承了简洁的造型和金属材质，被大量生产并投放市场。

图14-46　BA椅

图14-47　羚羊椅

第五节　20世纪晚期的室内设计

知识目标

熟悉20世纪晚期的室内设计。

能力目标

能够对20世纪晚期的室内设计特色进行分析和总结。

素质目标

提升对20世纪晚期的室内设计的认知与审美能力。

一、高技派设计风格

高技派风格以现代主义为基础，主张采用最新的材料，从现代科技最先进的各种要素与形态中获得美感。

蓬皮杜艺术中心由理查德·罗杰斯与诺伦佐·皮亚诺合作设计，它标志着第一代高技派风格的确立。建筑将所有结构装置暴露在外面，楼层内部各个空间不受阻隔，室内仅由活动隔断依据需要进行灵活分隔，空间内外大量保留了工厂特质，如图14-48所示。

由诺曼·福斯特设计的香港汇丰银行总部大楼（见图14-49），其平面为一个被局部切割的矩形，并采用悬挂结构使所有楼层由8组高度不等的钢柱支撑。通透材质的大量采用使整体空间具有良好的采光度，光线白天可自上而下穿过，夜晚可以地下城的人工照明使大楼底部带有亮光。

图14-48 蓬皮杜艺术中心

图14-49 香港汇丰银行总部大楼内部

诺曼·福斯特还设计了柏林国会大厦。该设计为修缮性改造设计，将原有的砖石拱顶改为玻璃、金属材质的穹顶，人们可乘坐电梯到达穹顶，也可沿边缘的螺旋坡道盘旋而上，如图14-50所示。

图14-50 柏林国会大厦

大英博物馆的中庭（见图14-51）也以玻璃作为展馆入口与连接的途径。其顶部覆盖晶格状的玻璃顶棚，滤光玻璃使钢架结构变得柔和，巧妙地平衡了原有空间的空旷感。

图 14-51 大英博物馆的中庭

二、后现代主义设计风格

后现代主义是针对现代主义蓬勃发展之后出现的各种不满和质疑而产生的不同倾向。后现代主义通过隐喻、联想的手法，使用现代技术与材料，综合各种效果，创造出一种新的风格。

埃托·索特萨斯在1981年组建了孟菲斯设计团队，该团队具有标志性的室内设计风格，又善于向大众文化汲取灵感，能在瞬间引起关注。图14-52所示为孟菲斯团队的室内设计作品。

巴黎文化部长办公室体现了法国对后现代室内设计的支持。室内精致的枝形吊灯、窗户及古典样式的护墙板与后现代风格的灯具、椅子、半圆桌形成对比，产生了非常戏剧化的效果，如图14-53所示。

图 14-52 孟菲斯团队的室内设计作品

图 14-53 巴黎文化部长办公室

AT&T总部办公大楼（见图14-54）是菲利普·约翰逊晚年倾向后现代主义的设计作品。约翰

下篇 外国部分

逊将古典构件进行变形后加载到现代化的大楼上。建筑顶部有巨大的三角形山花，室内有柱廊、拱券等形态。整座建筑融合了古典与现代风格，是后现代主义设计中最具影响力的作品之一。

图 14-54 AT&T 总部办公大楼

三、晚期现代主义设计风格

晚期现代主义是20世纪末室内设计风格中发展最为保守的一派，其执着于早期现代主义的设计观念与原则，避免使用任何历史装饰，同时注重发展出自身的创新，重新诠释现代主义。

由路易斯·康设计的宾夕法尼亚大学的理查德医学实验楼（见图14-55）被誉为现代主义风格晚期的杰作。实验楼从建造之初的3座发展到7座。这得益于康在设计中发展出有关主空间与辅空间的概念，巧妙地把各种主次功能分别安置在4座"塔"内，预留出可发展空间。

理查德·迈耶设计的盖蒂中心（见图14-56）曾是20世纪最大的建筑，迈耶挑战常规的平行手法，在平面上确立了两套交叉轴网，一套与洛杉矶市区的街道网络一致，一套与相邻的高速公路保持一致。建筑的整体空间由五幢双层展厅围合而成，之间穿插着休息区、庭院与平台。

图 14-55 理查德医学实验楼

图 14-56 盖蒂中心

四、解构主义设计风格

解构主义以法国解构主义理论大师雅克·德里达的文学理论为基础，将组成室内的各个元素一一拆解。解构主义主张恒变、无序、不定型和无中心等叛逆元素，试图对各种风格元素进行重构。

由弗兰克·盖里设计的维特拉博物馆（见图14-57、图14-58），其外形好似将各种形式的白盒子组合在一起，或向外突出，或向内挤压。馆内的各种曲线和角度形成不连续的区域，光线的效果也使空间本身具备引导性。

图14-57 维特拉博物馆外部

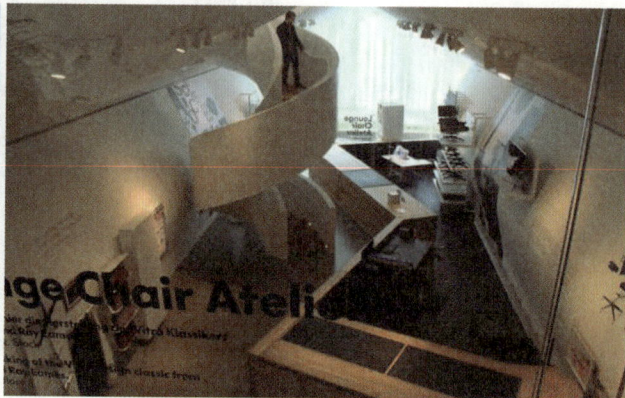

图14-58 维特拉博物馆内部

弗兰克·盖里设计的古根海姆艺术博物馆曾被誉为世界上最有意义、最美丽的博物馆。其大量使用玻璃、钢和石灰岩，部分表面覆盖钛金属，如图14-59、图14-60所示。

迪士尼音乐厅是弗兰克·盖里的又一著名设计，其造型具有解构主义建筑的重要特征，以画布的褶皱作为形态元素，错综复杂的内部空间产生了良好的音响效果，如图14-61、图14-62所示。

图14-59 古根海姆艺术博物馆外部

图14-60 古根海姆艺术博物馆室内

图14-61 迪士尼音乐厅外部

图14-62 迪士尼音乐厅室内

拓 展 阅 读

光之教堂

日本设计师安藤忠雄设计的光之教堂以混凝土的质朴，加之教堂正墙上开凿十字形开口而创造出特殊的光影效果，使信徒们产生接近上帝的错觉，如图14-63所示，安藤忠雄也因此获得了1995年的普利策建筑奖。

图14-63 光之教堂

课 堂 讨 论

纵观20世纪的室内设计，先后出现过哪些室内设计风格？其代表人物和代表作品有哪些？

第六节　21世纪早期的室内设计

在经历了一系列的趋势转变后，当代室内设计领域产生了越来越广泛的交叉与互动，这也使得人们很难再将一种设计类型进行区分与界定。

绿色设计在21世纪成为一种发展趋势，基于环境保护与节约能源的考虑，设计师们试图在人、社会和环境之间建立一种协调发展机制。瑞士再保险公司总部大楼外形像一颗子弹，为螺旋形，每层的直径随大厦的曲度而改变。建筑主体所需耗费的能源仅占同等高度建筑的50%。建筑结构中一系列螺旋向上的空间，将空气输送到巨大空间内的各个角落。建筑顶部的餐厅依靠大面积的玻璃获得了极佳的采光，同时具有俯瞰全城的极佳视野，如图14-64、图14-65所示。

图14-64　瑞士再保险公司总部大楼外观

图14-65　瑞士再保险公司总部大楼顶部餐厅

由NBBJ建筑公司设计的"锐步"总部办公楼整个室内空间呈现出光滑的流线形，大面积的玻璃采光可为室内提供良好的照明，从而节约了大量的电力消耗，如图14-66、图14-67所示。

如今，室内设计中也融入了一些时尚设计的创意与灵感，使得室内设计走向了更加前沿的领域。法国时尚设计师克里斯蒂安·拉克鲁瓦与建筑师凯比内特·文森特·巴斯特尔合作，将一座有着300年历史的古旧建筑改造为小磨坊精品酒店。酒店的室内充满了华丽的拼贴风格，布置了极具设计师个人特征的华丽织锦与金色元素，各种颜色及图样相互冲击又彼此互补，同时每间客房都与众不同，如图14-68、图14-69所示。

图14-66 "锐步"总部办公楼外观

图14-67 "锐步"总部办公楼室内

图14-68 小磨坊精品酒店室内1

图14-69　小磨坊精品酒店室内2

　　海洋邮轮的船舱内部设计较地面建筑的室内空间往往受到更多的限制，更需要突破性的设计。"伊丽莎白女王"号是全球著名的豪华游轮，其总长约284 m，可以容纳超过2 000名乘客，穹顶大厅、楼梯、水晶装饰灯及艺术装饰都保持着20世纪30年代的风格。这艘超级油轮的一大亮点当属三层楼高的螺旋式豪华大厅，如图14-70所示。

图14-70　"伊丽莎白女王"号内舱楼梯厅

课后实践

　　聆听室内设计研究人员或相关从业人员关于当代室内设计发展趋势相关主题的讲座（可实地参与，也可上网观看相关视频或查看文字资料），认真记录讲解要点，然后组织课堂讨论。

思 考 题

　　1．新艺术风格有哪些特色？这一时期出现了哪些设计师？其代表作品有哪些？

　　2．装饰艺术运动的特色是什么？法国、美国和英国的装饰艺术运动在室内设计方面各有哪些代表设计师及作品？

　　3．20世纪晚期的室内设计主要有哪些设计风格？其各自的代表作品有哪些？

　　4．21世纪早期的室内设计呈现出哪些发展趋势？现实生活中，你还知道哪些较有特色的室内设计范例？

参考文献

[1] 刘叙杰. 中国古代建筑史（第一卷）[M]. 北京：中国建筑工业出版社，2003.

[2] 杨鸿勋. 杨鸿勋建筑考古学论文集 [M]. 北京：清华大学出版社，2008.

[3] 刘敦桢. 中国古代建筑史（第二版）[M]. 北京：中国建筑工业出版社，2005.

[4] 约翰·派尔. 世界室内设计史（原著第二版）[M]. 刘先觉，陈宇琳，等译. 北京：中国建筑工业出版社，2008.

[5] 朱淳，邓雁，彭彧. 室内设计简史 [M]. 上海：上海人民美术出版社，2007.

[6] 陈平. 外国建筑史：从远古到19世纪 [M]. 南京：东南大学出版社，2006.

[7] 傅熹年. 中国科学技术史·建筑卷 [M]. 北京：科学出版社，2008.

[8] 王其钧. 永恒的辉煌——外国古代建筑史 [M]. 北京：中国建筑工业出版社，2010.

[9] 张夫也. 外国工艺美术史 [M]. 北京：中央编译出版社，2003.

[10] 孙大章. 中国民居研究 [M]. 北京：中国建筑工业出版社，2004.

[11] 冯天瑜. 中华文化史 [M]. 上海：上海人民出版社，1990.

[12] 扬之水. 古诗文名物新证（一）[M]. 北京：紫禁城出版社，2008.

[13] 扬之水. 古诗文名物新证（二）[M]. 北京：紫禁城出版社，2008.

[14] 侯幼彬. 中国建筑美学 [M]. 哈尔滨：黑龙江科学技术出版社，1997.

[15] 梁思成. 中国建筑艺术二十讲（插图珍藏本）[M]. 北京：线装书局，2006.

[16] 大卫·瑞兹曼. 现代设计史 [M]. 王栩宁，等译. 北京：中国人民大学出版社，2007.

[17] 何人可. 工业设计史 [M]. 北京：北京理工大学出版社，2000.

[18] 李砚祖. 环境艺术设计 [M]. 北京：中国人民大学出版社，2005.